女生励志书
给/姑/娘/们/的/能/力/进/阶/书

在我们漫长的一生中，总有一段路，会不小心走错；也总有一段路，感觉到无比迷茫。但如果我们脚踏实地地往前走，走过迷雾天，春天也就来了。

不去刻意模仿别人，坚持做自己，保护好自己的底色，这样的女生走在人群里，任何时候都是风景。

成熟

不是你故作深沉,更不是你一直不遗余力地跑在同龄人的前面,而是有一天,当你的内心变得坚韧,外在变得柔和,那才是真正的成熟。

女生励志书
Raise You Up

姑娘，你努力的样子真美

猪小浅 作品

吉林摄影出版社
·长春·

女生励志书

图书在版编目（CIP）数据

姑娘，你努力的样子真美 / 猪小浅著. —— 长春：吉林摄影出版社，2018.3
ISBN 978-7-5498-3517-1

Ⅰ.①姑… Ⅱ.①猪… Ⅲ.①女性–成功心理–通俗读物 Ⅳ.①B848.4-49

中国版本图书馆CIP数据核字(2018)第044360号

姑娘，你努力的样子真美　GUNIANG, NI NULI DE YANGZI ZHEN MEI

出 版 人	孙洪军	印　　张	8.125
主　　编	顾　平　杜普洲	版　　次	2018年3月第1版
责任编辑	施　岚	印　　次	2018年3月第1次印刷
总 策 划	徐　晶	出　　版	吉林摄影出版社
特约策划	刘梦茹	发　　行	吉林摄影出版社
设计总监	资　源	地　　址	长春市泰来街1825号
特约编辑	刘梦茹		邮　编：130062
封面设计	资　源	电　　话	总编办：0431-86012616
美术编辑	郭　宁		发行科：0431-86012602
发行总监	王俊杰	网　　址	www.jlsycbs.net
封面供图	海螺壳	经　　销	全国各地新华书店
开　　本	889mm×1194mm　1/32	印　　刷	三河市宏图印务有限公司
字　　数	170千字		
书　　号	ISBN 978-7-5498-3517-1	定　　价	36.00元

启　事

本书编选时参阅了部分报刊和著作，我们未能与部分作品的文字作者、漫画作者以及插画作者取得联系，在此深表歉意。请各位作者见到本书后及时与我们联系，以便按国家相关规定支付稿酬及赠送样书。

地址：北京市朝阳区南磨房路37号华腾北搪商务大厦1501室《意林》编辑部（100022）
电话：010-51900482

版权所有　翻印必究
（如发现印装质量问题，请与承印厂联系退换）

1 | **序言** 这一路山高水长

001 Chapter 1 你有那么好的青春，不是为了一场坏爱情

- 002 | 姑娘和少年坐着绿皮火车去远方
- 009 | 我在北京，猫和爱情在平江路
- 017 | 暗恋是在刀尖上跳一支舞
- 025 | 爱情的世界里，温故并不能知新
- 033 | 嗑完这包瓜子，再爱新的他
- 037 | 余光是你，余生也是你
- 045 | 第十个夏天，我和你并肩
- 052 | 凌姑娘，步行街上有人等
- 060 | 喜欢一个人，总会有所图
- 064 | 能让你咧嘴大笑的，才是好爱情

067 / Chapter 2 愿有素心人，陪你数晨昏

- 068 | 愿有素心人，陪你数晨昏
- 075 | 能够认识你，是我赚到了
- 082 | 旧时光里那两个自卑的女孩
- 089 | 她一直在远处，照亮我的路途
- 095 | 善待自己，才是珍爱父母
- 099 | 给最亲的人一份细水长流的温情
- 102 | 让父母做自己喜欢的事儿
- 108 | 保护我，是她本能的强迫症

115 / Chapter 3 慢慢变好，是给自己最好的礼物

- 116 | 热爱点儿什么，才能与世界相爱
- 120 | 取悦自己是穿衣打扮的最终目的
- 125 | 祝你会写 PPT，也会叠白衬衫
- 133 | 把生活修正成自己喜欢的样子
- 138 | 每一天都是芬芳她人的好时光
- 143 | 愿你很柔软，也很硬气
- 147 | 笑得漂亮，才能赢得漂亮
- 150 | 一个人也要把日子过成绸缎

153 / Chapter 4　你努力的样子，看起来还挺美

- 154 | 你努力的样子，看起来还挺美
- 160 | 让未来的你，感谢现在的自己
- 163 | 熬过最难熬的日子，便是阳光满地
- 169 | 成长的第一步，是要熟悉失望
- 176 | 简单的，才是最昂贵的
- 182 | 输了起点，至少我们还有拐点
- 186 | 要不忘初心，要且战且走

191 / Chapter 5　给你写封信

- 192 | 写给妈妈——请别把你的梦想交给我
- 197 | 写给妹妹——春风带点儿凉，你的花自己开
- 204 | 写给小表妹——不断向前奔跑的红眼兔
- 211 | 写给闺蜜——消失在时光里的红衣少女
- 218 | 写给朋友——梅花何止落满了一座南山
- 225 | 写给师姐——总有一段路，比狗还要迷茫
- 232 | 写给暗恋——有人共回忆，有人同风雨
- 239 | 写给同学——只当是岁月加了一瓣洋葱

序言 这一路山高水长

文 / 猪小浅

此刻,我坐在楼下的咖啡馆写这篇序言。

辞职后的每天下午,我几乎都窝在这家咖啡馆的沙发上。写故事、谈合作,和一起做公众号的朋友聊天。偶尔抬头看一眼窗外,会生出岁月静好的情绪。

眼前的生活,我确定是我喜欢也是我想要的。

这篇序言,我的编辑催了很久,而我也拖了很久。因为我不知道要用怎样的语言来描述这一路走来的心路历程,也不知道应该以怎样的方式来告诉你,心怀梦想并努力实现梦想的过程有多美妙。

在这本书里,你大抵能看到一个女孩在爱情里的成长。你也大抵能看到,一个小城姑娘怎样慢慢慢慢地在魔都尘埃落定。

而我回过头来看,能想起来的,也许只是几个关键词而已。

其实我从未想过有一天,会成为一个卖文为生的写作者。

很久很久以前，我有一个当记者的梦想。心怀天下，悲悯苍生。大概在十几岁小女孩的眼里，靠一支笔来给普天之下的百姓伸张正义，是件很酷的事。所以与其说是理想，不如说是情怀。

但并非每个人都能幸运地买到通往梦想的机票。阴差阳错，我没能去成想去的武大，也没能读到新闻专业。而我能想到的，最有效也最直接的办法是考研。

2009年3月，我坐上开往武汉的绿皮火车，抵达传说中的大学时，这座城市飘起了雪花，而我站在珞珈山下，内心久久不能平静。吃完一碗热干面，我告诉自己，我一定会来这里。

可实际上，我终究第二次与武大擦肩而过。因为跨专业，我在专业课上倾尽全力，最终一向擅长的英语却让我与梦想失之交臂。

那是一段黯淡的时光。武大和武汉的热干面，成了心底的伤。

我是带着满腔的失意来上海的。

第一份工作，是在一家协会做网站编辑。工作有点儿枯燥，也有点儿乏味。最绝望的时候也会想，人生为什么会这样难？但是好在，我还有文字。

那是2010年，诺基亚手机的余威还在。每天上下班的986路公交车上，我抱着手机看小说。周末，去浦东图书馆待上一整天。偶尔也会在QQ空间和豆瓣，写一些小感想。

有天当我翻完图书馆里的杂志，开始摸索着投稿。这个世界上有些事，如果不试水，你永远不会知道会有多精彩。人生中的第一笔稿费是

140块。有点儿少,却给我打开了一片新的天地。

后来,我嫁给沈先生,在这座城市有了个家。可说到上海的时候,我时常想起的却是986路公交车、卢浦大桥,以及寸土寸金的淮海路。淮海路上每天都有人在排队的光明邨,还有淮海路上永远漂亮的灯光和匆忙的人群。

986路公交车,从浦东三林出发,经过卢浦大桥,终点站在淮海路上。后来,我在很多故事里,写过淮海路。而我上班的地方在雁荡路,旁边是复兴公园。我在那里,待了四年。

有无数个早晨和黄昏,我坐在986路公交车上问自己,这是我想要的生活吗?

答案是否定的。

于是2014年6月,我辞职做了自由撰稿人。

那时的我时常感慨,写稿这件事要是早点儿开始就好了,我真的开始得太晚了。然后我家沈先生说了一句我很喜欢的话。他说:"没事啊,起点晚了,还有拐点嘛。"

因为这句话,我毅然在纸媒式微的环境下辞了职。一心一意地和自己,也和文字死磕。因为对文字的热爱,我觉得每天都是鲜活的,每天也是真正属于自己的。当然,也有写得很绝望的时刻。但因为心底有着对文字近乎执着的热爱,最终还是一点点坚持了下来。

多年后的今天,我没有做成记者,也没变成出入淮海路的高级白领,但梦想这件事,好像只是换了个航班去抵达,并没有影响沿途的风景。

我时常听姑娘们说，梦想倒是有啊，但现在开始还来得及吗？我记得知乎网友Caun Derre在回答"30岁才开始学习编程靠谱吗？"这个问题时，给了这样的答案："种一棵树最好的时间是十年前，其次是现在。"

关于梦想这件事，永远都不晚。只要此刻开始了，你就有机会实现它。就像沈先生说的，起点晚了，还有拐点。

但如果不开始，梦想可能就只能是梦想了。

写字的第三年，很多人问我："猪小浅，你写的故事是不是真的？"而我每次只能回答，也许故事是假的，但情怀一定是真的。

在这本书里，你可以看到一个女孩刚刚踏入社会时的诚惶诚恐，也可以看到一个女孩在爱情里的患得患失。那是小浅的故事，也是你们的故事。

这一路山高水长，我走得跌跌撞撞。闺蜜问："会不会偶尔很遗憾，我们都没活成当年梦想的样子。"我回她："可正是当年那个梦想，让我们活成了自己想要的样子。"

成长这件事，道阻且长，没有谁能够一路芬芳。我们不再是18岁的小少女，但如果心底还有爱还有梦想，那就还是自由自在的老少女。

Chapter 1

你有那么好的青春，不是为了一场坏爱情

在那个感情饱满、明亮的年纪，青春仿佛永远不会老，冰激凌不会化。那时候的我，是拿整个青春去爱你。

姑娘和少年坐着绿皮火车去远方

少女的心有过隐秘的温柔

韩珍珍第一次见到季斯远,是在一个夏日的早晨。他站在她家门口,彬彬有礼地说:"请问,这里还有房子出租吗?"

母亲带他上楼看房,韩珍珍回头看一眼少年,他的背影挺拔俊朗,像极了春天里的一棵树。

季斯远在韩珍珍家旁边的高中读高三。而这一年,韩珍珍刚上高一。季斯远是学校里的尖子生,韩珍珍的母亲很喜欢他,只肯收他一半的房租;家里有好吃的,总给他留一份。季斯远过意不去,主动提出帮韩珍珍补习数学。

昏黄的灯光下,季斯远讲题时的样子很认真,时而眉头微皱,时而舒展开来。再复杂的几何图形,被他随意添加一条辅助线,韩珍珍顿时就豁然开朗。偶尔两人从书本里抬起头的时候，会不小心碰上对方的目光，像是微风轻轻地掠过湖面，泛起一圈圈涟漪。有时看书累了，他们就一起去学校的操场上跑步，然后沐浴着月光一路走回家。少女的心在那样的时刻里有过隐秘的温柔。

一年的时间过得飞快，季斯远顺利考到北京上大学。韩珍珍望着空了一半的书桌，有些莫名地惆怅。有时下了晚自习走在操场上，心里也变得空荡荡的。

不过对于16岁的韩珍珍来说，生活里还有很多新鲜事物。高二下学期，她和班里最帅的男生何冬偷偷谈恋爱了，家里也来了新租客，她也并不觉得寂寞。

季斯远却很长情。逢年过节总会给韩珍珍的母亲打来问候的电话，也会关切地问起韩珍珍的近况。惹得母亲时常对她念叨："要是你有这么一个哥哥就好了。"

韩珍珍的心，莫名动了一下。

一颗心冻得硬邦邦

两年后，韩珍珍考上了合肥的大学。第一次和季斯远在电话里聊起男友何冬时，韩珍珍的声音里透露着掩藏不住的细密喜悦。不久，韩珍珍收到季斯远寄来的快递，是一对可爱的泰迪熊公仔和一盒包装精致的巧克力。她抱怨何冬不知道给自己惊喜，却没想到，季斯远会满足自己的少女心。韩珍珍打电话过去道谢,季斯远只是淡淡地说:"你喜欢就好。"然后,寒暄了几句就挂断了电话。

窗外的风吹来淡淡的桂花香,韩珍珍不知怎的有几分失落。她有点儿耿耿于怀,为什么第一个用心送她巧克力的男生是季斯远,而不是何冬。这样的小纠结,让她时不时地与何冬闹别扭。何冬对她,也越来越不耐烦。

这一年的寒假,赶上一场大雪,韩珍珍被困在合肥。本来约好一起回家的何冬,没打一声招呼就提前走了。他用这种悄无声息的方式,单方面地结束了恋情。火车站外,漫天的雪花和凛冽的寒风,将韩珍珍的一颗心冻得硬邦邦。她蜷缩在角落里,眼泪大滴大滴地往下掉,一双眼睛红得像樱桃。

季斯远知道后,绕道来了合肥。带她去吃热乎乎的地锅鸡,陪她去找栖身之所,韩珍珍冷透了的心才一点点暖和过来。

天寒地冻的下雪天,宾馆坐地起价。他们将手头的现金凑了凑,开两间房还是捉襟见肘。老板娘在旁边暧昧地笑:"小情侣开一间好咧,省钱又保暖!"韩珍珍涨红了脸,季斯远更是局促不安。最后,还是韩珍珍有些羞涩地说:"那就开一间吧。"

房间里没有空调,季斯远帮她掖好被子后,自己坐在沙发上玩手机。韩珍珍攥着被子,心怦怦地跳个不停,像是隔着被子还能听到季斯远的呼吸声。但熬到后半夜,她突然无比安心地沉沉睡去。

早晨睁开眼的时候,看到季斯远在沙发上歪着头睡着了,整个人缩成了一团。这个画面连同雪中送炭的季斯远,后来总是被韩珍珍下意识地从记忆里打捞出来，暖和了每一个下雪的冬天。

这种感觉，是喜欢吗？

开学的时候，季斯远非要绕道送韩珍珍回学校。

火车上有点儿挤，季斯远用手帮她圈出一片小世界。车子发动时，他突然问她："珍珍，不如我们在一起吧？"

韩珍珍一时没反应过来，她下意识地摇了摇头说："我现在还不想恋爱。"

季斯远有些局促地望向窗外，两人都有些尴尬。后来这个话题，再也没有被提及过。

大三下学期，宿舍的姑娘们忙着考研，韩珍珍也跃跃欲试地想要考武大。而那时，季斯远已经回到他们的南方小城。韩珍珍以及很多人都觉得，名牌大学毕业的季斯远，应该留在大一点儿的城市，拥有更敞亮的人生。可他憨憨地笑着，不做过多的解释。

春天的时候，季斯远陪韩珍珍去了一趟武大。

买票时，却被告知只剩一班K384，一辆有点儿古老的绿皮火车。韩珍珍一直很喜欢周云蓬写的《绿皮火车》，她有些兴奋地怂恿季斯远说："就这个怎么样？混在一趟绿皮火车里去远方，是件多有诗意的事！"她脸上纯真的孩子气，让季斯远心潮澎湃，他连忙点头说："好啊，就这个！"

伴着火车"咣当咣当"的响声,他们晃悠悠地穿过黑夜。入夜时分,四周安静下来,韩珍珍迷迷糊糊进入梦乡。醒来的时候,发现自己靠在季斯远的肩上。

她想起在《绿皮火车》里,周云蓬说,"火车上总是流传着这样的故事:某姑娘靠在你肩膀上睡着了,你为了她能睡好,一直纹丝不动,等姑娘醒了,马上决定嫁给你。"

韩珍珍的脸蓦地红了。季斯远不明所以,他看着韩珍珍红扑扑的脸,担心她着凉,起身去倒热开水。韩珍珍看着他,心里多了一种莫名的情绪。这种感觉,是喜欢吗?她被自己的念头吓了一跳。

他们在武汉待了两天,一起看樱花,吃热干面,游黄鹤楼。在火车站告别时,季斯远突然走过来,抱了抱她。那个拥抱很轻柔,像一片雪花,一触碰就化开了。

满肚子的挑剔

韩珍珍的考研之路并没有坚持下来。临近毕业时,季斯远在电话里说:"要不回来吧。"韩珍珍想起那个温柔的拥抱,故意问他:"你希望我回来吗?"季斯远沉默了一会儿,说:"都可以啊,只要你喜欢。"

后来韩珍珍常常想,如果季斯远再说点儿什么,她或许就真的打包回了小城。可季斯远什么都没说。他不说,那她显得就有点儿自作多情了。这样一想,她有些懊恼地把心底的那点儿悸动拼命压了下去。

韩珍珍一个人留在了合肥。

不久后她和一个叫梁晨的男生谈起了恋爱。梁晨是韩珍珍的客户，比她大5岁，长得清清爽爽，很健谈。有一套房以及一些存款，周末，还能在厨房里烧几个小菜，是个标准的经济适用男。他求婚时，她没有拒绝。

试婚纱那天，季斯远突然出现在合肥。他解释说，刚好出差路过。韩珍珍那时并不知道，这个世界上的很多巧合，其实都是一个人用心的结果。

婚纱店里，韩珍珍穿着洁白的婚纱站在镜子前，看到远处的季斯远闷着一张脸。可她一转身，眼前的季斯远，分明是笑意盈盈地在看着她。

韩珍珍不知怎么，突然就有点儿鼻子发酸。

后来，三个人一起去吃饭。一向沉默寡言的季斯远，说了很多话。以致梁晨忍不住偷偷问韩珍珍："这哥们该不会是喜欢你吧？"

韩珍珍急得连连否认。

可半夜时分，她收到季斯远的微信："不知道为什么，对他有满肚子的挑剔，总觉得他配不上你。"下一秒，他又说："只要他对你好就行。"再下一秒他又说："妞，祝你幸福。"

韩珍珍有点儿凌乱，她猜不透季斯远的意思，也厘不清自己的心思。

直到再也无法回头

两人再见面，已经是半年后，韩珍珍回小城看望母亲。

和闺蜜一起逛街时碰到季斯远，他的眉眼里尽是笑意："你回来啦？"

韩珍珍像以前那样亲昵地挽着他的手臂,让他请她俩吃烧烤。季斯远有些迟疑地看向身后,一个姑娘拿着冰激凌从便利店出来。看到韩珍珍,姑娘的眼神冷得像块冰。

闺蜜找了个借口带她开溜。在咖啡馆坐下来后,闺蜜八卦地说:"这些年,季斯远每次见到我都要问你的消息,惹得他女朋友到处打听韩珍珍是谁。还有啊,你以前不是说一毕业就回小城吗?听说季斯远就是因为你这句话,才放弃北京的高薪工作回来的。"

韩珍珍愣在那儿,心里有些隐隐作痛。她无心的一句话,季斯远却当了真。这时,闺蜜问:"你和梁晨怎么样?什么时候结婚?"

韩珍珍回她:"我们刚刚分手。"装修婚房时,无论怎么装修,韩珍珍就是不满意,挑剔得让梁晨翻了脸。后来她才发现,不是房子不对,而是人不对。她的心里早就住进了一个男人。

可惜的是,等她回来的时候,这个男人已经踏上了别人的心岸。

不久后,季斯远在朋友圈晒了一组婚纱照。韩珍珍看到那些照片时,正在去往武汉的高铁上。她躲在角落里,红了眼眶。心里失落得好像生命里某个占据很重分量的东西突然丢了。原来等她真正意识到自己的心意时,少年已经混在岁月和绿皮火车里远去。

也许每个姑娘的心里,都有过这样一个男生。他心意沉沉地守护过你最好与最坏的时光,甚至在某个时空走进过你的心。遗憾的是,你们的爱情好像一直有时差,相互靠近的过程中,又一直在相互错过,直到再也无法回头。

我在北京，猫和爱情在平江路

看一看外面拔刀亮剑的江湖

赵清野是高我一届的师兄。

黯淡的青春里，他披着霞光缓缓走来，像极了影视剧里的盖世英雄。没人知道，他是住在我心尖的少年，这是我的秘密。

我叫包鲜花。如果我爸是开花店的，也许我会原谅他在取名字这件事上的任性，可我爸好歹是教育局的小领导。他不知道自己的随心所欲，给了我怎样的困扰。

反正赵清野在听到我名字后的第一反应是微微一怔，然后笑得人仰马翻。再见到我的时候，他总是隔着老远叫我："包鲜花，以后我追女孩子就找你买花，可好？"

赵清野把玩笑说得那样坦然，听不出一点儿瞧不起的意思。以至于那样的时空里，真有一朵花，开满了我心里的角角落落。

彼时，赵清野要追的女孩子，是我们班的王月月。可王月月是系花呀，围在她身边的优秀男生太多了，赵清野哪一样都不占优势。

被王月月婉拒后，赵清野消沉了一段时间。

再见到他，是在苏州的火车站。他背着挎包，双手插在口袋，看上去酷得不行。天知道赵清野怎么申请到的休学。他说："包鲜花，我要去看一看外面拔刀亮剑的江湖，替我照看好王月月。等我功成名就，就回来找她。"

我费了挺大力气，才忍住就要往下掉的眼泪，没好气地给了他一拳："她不会感动的。"

赵清野歪着头，邪邪地笑着说："可是我乐意啊。"

我后来想，"我乐意"这三个字一定是带着魔性，任何道理和感情都拿它没有办法。人家赵清野乐意，我能说什么呢？

军功章里有你的一半

赵清野去的是北京。

他在电话里说："包鲜花，这里才是江湖啊，我觉得自己正被这座城市推着在风中奔跑。"

赵清野说这些的时候，一字一句都带着热乎乎的希望。

可一年后，当赵清野听说王月月失恋的消息时，立马就忘了自己的江湖，马不停蹄地回了苏州。是的，我没有告诉赵清野，他去北京后不久，王月月就有了男朋友。我只是不忍心让他的生活少了盼头。

去火车站接赵清野的时候，我有些心慌意乱。

那时已经是深秋，空气里有薄薄的凉意。赵清野穿着冒牌的皮革上衣耍帅，他甩了甩头发，朝我抛了个媚眼："怎么样，本少爷有没有帅出新高度？"

我笑着附和："是是是，人模狗样。"

赵清野一脸得意，他很自然地将手搭在我肩上，故作惊呼状："哇，你也变漂亮了呢。"然后又欠揍地补了句："当然，还是我家月月最好看。"

我不屑地撇撇嘴，男生真是肤浅啊。可后来又想，十八九岁的年纪，哪个男生眼里装的不是长得好看的姑娘呢？然后，我就原谅了他。

赵清野很是风光了一段时间。和校园里乳臭未干的小男生比起来，去大城市镀了一层金的他，魅力指数直线上升。就连王月月，也会在人群中多看上他一眼。

那段时间，我看着赵清野当上学生会主席，看着他带领一帮人为文学社拉来赞助，看着他意气风发地一点点发光，心里既高兴又难过。而当他牵着王月月去食堂吃饭的那天，我给他发短信："恭喜你抱得美人归。"

赵清野回我："嘿，军功章里有你的一半。"

我躲在角落里，温柔的秋风吹起额前的碎发，眼泪哗啦啦地往下掉。这个世界上,有些感情真的只能藏在心底,连痛一下,都要很小心。

仿佛是在斩断对一个人的情深

大四下学期,赵清野和王月月在平江路租了套小公寓,开始忙着找单位实习。我升了本校的研究生,日子过得有点儿闲。

没事的时候,我就去平江路瞎逛上一圈。坐在"猫空概念店"里,和门口的猫一起晒太阳。或者点杯咖啡,在留言簿上写些别人看不懂的情话。到了夜幕时分,再假装路过赵清野他们的小公寓,抬头看一眼屋里橘黄色的灯,心里又温暖又惆怅。

我一直记得2014年的最后一天,赵清野说:"包鲜花,和我们一起跨年呗。"

在他们的小公寓,王月月像个贤惠的小媳妇。她准备了火锅,啤酒,还有一箩筐的祝福。我在那种太平盛世的热闹里,告诉自己,2015年会是一个新的开始。我会忘了赵清野,祝他们幸福。

可他们的2015年,好像过得并不顺利。

作为好看的姑娘,王月月身边从来都不缺优秀的男生。当参照物发生改变,赵清野和那些社会精英站在一起的时候,身上的光环突然就消失了。王月月开始有意无意地嫌弃他。

每次他们吵完架,赵清野就会来找我。我俩坐在校园的篮球架下,边嗑瓜子边聊天。赵清野说："包鲜花,不知道为什么,这个世界上最好以及最坏的东西,我都想拿来跟你分享。"他说这句话的时候,可真是温柔啊,我几乎就要溺在这样的柔情里了。

有时,赵清野也会从口袋里拿出一包烟,一根接一根地抽起来。他说月月不让抽,我心里却有个声音在说,你抽烟的样子可真好看。但我什么都说不出口,我怕有些东西一说就破。

有天我在图书馆看书,赵清野突然带来一只猫,一脸无辜地看着我:"怎么办?我在路口捡到它,但月月不喜欢。你能替我照顾它吗?"

我当然很乐意。我和赵清野在校园里给它安了个家。照顾这只猫,成了我们之间的秘密。

我研究生毕业,去北京继续读博。我没有带走那只猫,而是将它留给了猫空的店主。我想用这种方式告别青春,也仿佛是在斩断对一个人的情深。

像是在讨论别人的剧情

在北京念书的第二年,赵清野来京城出差。

我们约在南锣鼓巷,各自点一份红豆双皮奶,埋头吃得很甜蜜,让我恍然有恋爱的错觉。而片刻的错觉后,心底却只剩下密密麻麻的忧伤。25岁之后,我将日子过得平淡却很喜悦,一派欣欣向荣。可见到赵清野的时候，那种叫忧伤的情绪又不声不响地冒了出来。

后来问起王月月，赵清野说："我们挺好的，也许明年，也许后年，就会结婚吧？"他的语气是那样不确定，像是在讨论别人的剧情。我突然就不知道说什么好了。

华灯初上的时候，我和赵清野打车去簋街吃饭。人声鼎沸的喧嚣里，他几度欲言又止。直到三杯酒下肚，才支支吾吾地说："包鲜花，我能求你一件事吗？"

这些年，赵清野什么时候求过我？我当然一个劲地点头说"好"。

赵清野眉头紧锁，开始诉说外乡人的心酸。王月月想去市重点中学教书，但考了几年的编制都没有下文。然后，他终于说到了正题："包鲜花……能不能让你爸帮帮我们？"

赵清野看起来可真是落寞，我很心疼他，所以去求了我爸。

不过遗憾的是，我爸并没有帮上忙。因为月月发挥失常，连笔试成绩都没有过关。而我们谁也没有想到，这一次，赵清野彻底失去了他十九岁那年爱上的姑娘。

心里的那把火，彻底灭了

我在北京城笼罩的雾霾里，接到赵清野的电话。他说："包鲜花，我是不是特别没用？"

王月月在考编失败后，迅速嫁给了一个有车有房，能帮她在事业单位谋得一份闲差的本地人。赵清野的世界,在一夜之间,山河破碎。

我请了假,回苏州,陪赵清野去参加王月月的婚礼。酒店门口,赵清野说:"你能挽着我的手吗?"我答应了他,和他像模像样地假装情侣。

婚礼上,赵清野喝多了,他死命地拽着我的手,一遍又一遍地说:"不要离开我。"我怎么就那么不争气地想要哭了呢?明明赵清野说的那个人不是我。

这一年,我眼睁睁地看着赵清野骄傲张扬的人生,一点点地坍塌。公司换了四五家,好像哪里都不对劲。我爸渐渐就有些不耐烦了:"这个赵清野到底是你什么人,值得你老爸三番五次地去欠人情?"

我回答不了我爸。我就是看不得赵清野过得不好,就是不想那个从霞光里走出来的英雄少年眼睁睁地从我面前消失。

但很多时候,生活有点儿像是反转剧。我大概永远也不会想到,有一天,赵清野会对我说:"妞,如果我现在说,我想和你在一起,还来得及吗?"

梦想成真的感觉可真是好啊,像是突然之间拥有了全世界。可为什么我说出口的,却是"对不起"?

我记得以前在言情小说里看过一句话,"她的英雄之所以盖世,是因为她的世界太小了"。后来,我见过大大的世界,仍然觉得赵清野是我心里的英雄。而再到后来,我的英雄不再盖世,并不是我的世界变大了,而是他的格局变小了。

要如何告诉你这种感觉呢？我的整个青春，都用来爱赵清野了。那种一路追逐他的热情，一直找不到出口，憋得太久，慢慢也就淡了，冷了。而当我最后一次因为赵清野去求我爸的时候，心里的那把火，大概也就彻底地灭了吧。

我回北京后，开始试着和同门师兄谈恋爱。我和赵清野，心照不宣地失去了联络。

偶尔我回苏州，也总要去"猫空"小坐。借着某种感觉，想念一下永远不会回来的青春，那年住在平江路上的赵清野，以及在我心底燃烧过的爱情。

暗恋是在刀尖上跳一支舞

祝对方马到成功

左岚第一次去上海,坐她旁边的是季冬晨。

和喜欢的人挤在拥挤的车厢里,左岚的一颗心都快要跳出来了。可这样的小心思,她只能像个小偷一样藏着,越隐蔽越好。

那时是春天,季冬晨和女友姚小倩闹分手。他放不下姚小倩,赶在她生日之前,捧着鲜花和蛋糕去求复合。

左岚总不能说,她去上海,是为了看一眼季冬晨喜欢的姑娘。所以,她借高中同学小北撒了个谎。火车上,左岚手舞足蹈地编了一个美好绵长的暗恋故事。

季冬晨听完,一本正经地怂恿她:"喜欢一个人至少要让对方知道,勇敢点儿。"左岚有些哭笑不得,季冬晨真够笨啊,明明她编的故事漏洞百出，他却信以为真。后来才在某个瞬间恍然大悟，季冬晨之所以这么好骗，是因为她不在他的心上。

不在他心上，他当然也就看不出她眼里的万千柔情。

那天抵达上海时，已经是凌晨三点。为了省钱，他们找了家麦当劳坐下来瞎掰。左岚说："讲讲你们的故事呗。"季冬晨果真就郑重其事地说起往事，说起他和姚小倩十六岁时就开始的小爱情。左岚安静地听着，心情沉到谷底。费了很大劲，才让自己装出一副听故事的表情。

天微微亮时，他们在地铁站分开。握了个手，祝对方马到成功。

五分钟后，左岚扭头追上季冬晨，故作一脸委屈地说："小北今天有课，没法出来见我，你能捎带上我吗？"

季冬晨犹豫了下，还是点了头。

前方也许柳暗花明，也许万丈深渊

可那天的季冬晨，有点儿狼狈。

姚小倩是挽着一个男生的手，从华师大的门口出来的。季冬晨拿着花的手抖了下，乱了方寸。复合的剧情还没来得及登场，就已提前谢幕。

左岚突然意识到自己应该为季冬晨做点儿什么。也不知哪来的勇气，她将自己的手塞进了季冬晨的手心。季冬晨愣了下，感激地看了她一眼。

左岚拉着季冬晨，上前和姚小倩打招呼，谎言说得像真的似的："冬晨说我俩是同一天生日。喏，我们带了蛋糕，一起去庆祝吧。"那顿饭，左岚用尽了自己所有的表演天赋，但是气氛还是有点儿尴尬。吃完饭，季冬晨带着她迅速逃离了现场。

左岚在网上订了车票，季冬晨却嚷着要去甜爱路，任性得像个小孩儿。

不用季冬晨说，左岚也能猜出，姚小倩应该无数次跟他提及过甜爱路。季冬晨执意要去，无非是因为心底的一个情结。

其实甜爱路不过是条普通的小马路，季冬晨有点儿失望。走在他右边的左岚，心里却流窜出无数的甜蜜。她在四月的微风里，想起自己和季冬晨的相识，不由得笑出了声。

旁边的季冬晨听到了，扭头问："表白成功了？"左岚赶紧收起脸上的笑意，拼命摇头，撒谎说小北拒绝了她。季冬晨一脸困惑："那你还能高兴成这样？"

左岚不语，黯淡的心里却开出了一朵花。那种感觉不是"心花怒放"，因为心花怒放是一层层开的，而她的那点儿欣喜，是"忽如一夜春风来"。

认识季冬晨的时候，左岚刚上大一。喜欢塞着耳机将音量开到最大，捧一本小说走在校园里。她不小心撞到过路边的香樟树，迎面走来的同学，还有凶巴巴的教导主任。而那天，她和拿着颜料盒的季冬晨，撞了个满怀。颜料把季冬晨的白衬衫染成了彩虹衫，左岚惊慌地说着

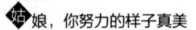

"对不起"。抬头的瞬间,却跌进了爱情。

季冬晨比她高两届,是美术学院的艺术生,也是绘画社的社长,有一个远在上海的女朋友姚小倩。了解完这些,左岚的一颗心,在半路收了回来。可爱情这件事,向来覆水难收。哪怕是一个人躲在暗地里喜欢,也甘之如饴。

左岚加入绘画社,在季冬晨身边,晃悠了两年。那两年里的每一刻,都像是在刀尖上跳舞。前方,也许柳暗花明,也许万丈深渊。

没想到剧情会逆转,姚小倩有了新欢。左岚几乎就要对季冬晨脱口而出,我喜欢你。可这样的话说出来,怎么样都感觉有点儿轻浮和浅薄。毕竟,季冬晨刚失恋。她觉得时机不对,于是将表白的话,还有满满的窃喜压了下去。

其实没了姚小倩,左岚突然就不那么着急了,反正来日方长。

像是在做一道阅读理解题

回到学校后,左岚觉得自己像个入侵者,霸占了季冬晨的生活。她在心里偷偷盘算好了,等她拉着季冬晨走出失恋的沼泽后,再对他大方地表明心意。

那一整个春天,左岚每天等在季冬晨的宿舍楼下,和他一起去食堂吃荠菜饺子,陪他去野外写生,给他讲班上的八卦。而晚上躺在床上,琢磨季冬晨脸上的表情时,像是在做一道阅读理解题。生怕没看仔细,就领悟错了他的意思。

这样甜蜜而又狼狈的暗恋，就连宿舍里一心扑在学业上的娟子都看出来了。左岚觉得，自己再不去表白，真有点儿说不过去了。

可惜还是慢了半拍。命运有时候，比她看过的言情小说还要不按常理出牌。

初夏的风吹过额头时，姚小倩突然来找季冬晨。那天已经是傍晚时分，左岚和季冬晨吃完米线回来，姚小倩站在宿舍楼下，整个人瘦了一圈，满脸的疲惫。连左岚都看得心疼了，更何况季冬晨。

姚小倩和男友分手了。分手的原因，左岚听季冬晨提起过。那个男生拉姚小倩去开房，姚小倩觉得感情还没到那一步，不肯去。对方嫌她清高无趣，走得干脆利落。于是姚小倩念起季冬晨的好，提着行李箱就来找他了。

左岚不自觉地退回了原地。

她一整个春天的努力，因为姚小倩的回心转意，功亏一篑。可她又暗自庆幸，还好表白的话没有说出口，一切还可以体面地收场。

六月，季冬晨毕业，毫无悬念地去了上海。

她爱上的，只是他的勇敢

不久后，左岚谈了一场恋爱。

她自己也没想到会这么快地接受一个人，好像只要恋爱对象不是季冬晨，那么甲乙丙丁只不过是抛个硬币的事。那段时间，她的心像是迷路的羔羊，找不到落脚点，常常一个人跑去唱歌。有天她不小心将手机落在了唱歌的地方，被一个叫陈良的男生捡到。

陈良是化学系的高才生，笑起来的时候有两个小酒窝。左岚请他吃饭，感谢他拾金不昧。陈良目不转睛地盯着她三分钟后，突然说："怎么办，我好像喜欢上你了。"

这样直接的表白，不磨蹭、不扭捏、不做作，左岚的心一下子融化了。她答应了他。

只是，和陈良在一起，左岚总是下意识地在做一道假命题。如果当初自己对季冬晨，也能像陈良对自己这样，大胆而不顾后果地说出心底的喜欢，直接大方地表明自己的心意，是不是故事的结局就会不一样？

没人能给她答案。

她像一只鸵鸟，躲进陈良给的爱情里，试图忘掉季冬晨。可偶尔还是会钻进死胡同，偏执地认为，她对季冬晨没有说过表白的话，那他们的故事就还没有完。

陈良似乎看不出她的走神和心不在焉。他用工科男的逻辑思维，简单而热烈地对她好。这让左岚心有愧疚，却又贪恋一个男生一心扑在自己身上的剧情，舍不得说分手。

讨论毕业去向时，陈良笑着说："你去哪儿，我就去哪儿。"左岚这才慌了神。再这样和陈良耗下去，就真的有点儿浑蛋了。她向陈良坦白，自己并不喜欢他，她爱上的，只是他的勇敢。

而勇敢，是她在季冬晨身上缺失的那一部分。

陈良的眼神很受伤，他从嘴角扯出一丝笑意："其实我一直都知道你没那么喜欢我，我只是不肯自己醒来。"左岚愧疚得说不出话来，却还是执意地分了手。

然后匆忙毕业，被时间推着往前走。

你不要说话，听我说

左岚回小城当了老师，空余时间拿来看小说，不肯恋爱。

再见到季冬晨，是在2016年的春天。当年绘画社的成员在上海弄了个聚会，有人在微信上通知左岚，她毫不犹豫地就去了。觥筹交错间，季冬晨推门进来，眉眼里多了一点儿沧桑和世故，却也并不让人讨厌。看到左岚，他远远地笑着和她打招呼："好久不见。"

左岚像是回到了与季冬晨撞了个满怀的那个夏天，心慌得想要躲起来大哭一场。

她装作平静地和季冬晨叙旧。问起姚小倩，对面的男人眼神柔和下来："姚小倩在北京进修，等她回来，就开始筹备婚事。"

左岚听着，一不小心就喝多了。很多话哽在喉咙里，说不出口。

聚会结束时，季冬晨送她到酒店楼下。在季冬晨就要转身离开时，她突然缓缓地开口："Hey（嘿），从这一刻开始，你不要说话，听我说。季冬晨，我喜欢你很久了。你不要有心理负担，我不是来告白的，只是想和过去做个告别。"

季冬晨愣在那儿。离开时,给了她一个拥抱。

那个拥抱很轻,却让左岚哭了又笑,像是在内心完成了一场仪式。如同《真爱至上》里,那个拍录像带的深情伴郎,在圣诞夜提着录音机向朋友的新娘表白,新娘给了他一个吻时,他转身,释然地笑着说:"Enough, enough now.(好了,现在我已心满意足。)"

长久地喜欢过一个人,总是要有一场告别。从此之后,才可以去爱别人。

爱情的世界里，温故并不能知新

你以为那点儿墨子酥就能收买我吗

16岁的时候，我的梦想是在23岁嫁给姜小松。

姜小松家在集贤路卖墨子酥，生意好得已经在小城开了两家分店。在姜小松成为我的高中同学之前，我去他家买过无数次墨子酥，但我并没有记住他。

对于这一点，姜小松特别不甘心，他一脸固执地盯着我问："冯莎莎，你再仔细想想，你确定对我没印象吗？"我无辜地点头，他只好摇头叹息："据说来买墨子酥的女孩大都醉翁之意不在酒，你怎么就无视我了呢？"

姜小松的那副样子，看起来特别好玩。我由此认定，他是个有趣的人。

有天，他突然从背后敲了敲我的脑勺儿，说："嘿，冯莎莎，做我女朋友呗。这样以后你每天都可以免费吃墨子酥了哦。"我回他："嚪，你以为那点儿墨子酥就能收买我吗？"

回头的瞬间，刚好撞上姜小松那张笑意盈盈的脸，心里像是有惊雷飞过，而我就那样惊慌失措地跌进姜小松的爱情里。

现在想来，时常觉得不可思议，两人怎么会腻歪到那种程度？身边的人都偷偷摸摸地暗恋，我俩偏要手牵着手，将恋情大张旗鼓地昭告天下，惹得老师和父母一片惊慌。还好成绩排名没受到影响，后来他们也就睁只眼闭只眼了。

小城很小，我再去买墨子酥的时候，就有排队的阿姨和姜小松的妈妈开玩笑："你儿媳妇来啦，赶紧给我们打个折。"我看着她们哧哧地笑，心里比吃了墨子酥还要甜。

其实我和姜小松都已经盘算好了，以后留在本市读大学，毕业的时候，就光明正大地去领证。按照剧情来发展，多年后，我们就可以自豪地说，我一生只爱过一个人。

像打游戏突然满级了

可你知道和一个人恋爱多年，是怎样的一种体验吗？

和姜小松在一起七年后，我们渐渐就有点儿相看两厌了。大学最后的一个圣诞节，姑娘们都忙着约会。她们对于我的落单，一点儿也不觉得奇怪。好像这种节日里，我和姜小松去跟风凑热闹，才是浪费资源。可那天，我的小浪漫心理作祟。对姜小松软硬兼施后，他总算从游戏里出来，答应一起去吃大餐。

我站在男生宿舍楼下等他，寒风从耳边呼啸而过。姜小松磨蹭着下楼，表情有些不情愿。我的样子看起来有点儿可怜，因为这场约会怎么看都像是我眼巴巴求来的。

两人一起往学校门口走的时候，姜小松问我："非得去市里吃饭吗？"

"嗯。"我从鼻子里发出一个音，有些赌气地加快脚步。要是姜小松在这个时候能讲个笑话缓和气氛就好了，可他什么也没说。上了公交车，姜小松拿出手机玩《传奇》。我挤在人群里，开始怀念以前坐车时，他用双手帮我圈出来的小世界。现在这个人分明还在身边，却陌生得好像不是他。

你看，其实和一个人恋爱久了，并不是一件好事。

最近一两年，我和姜小松在这段关系里变得有点儿懒。懒得为对方制造惊喜，懒得逗对方开心，甚至懒得审视这段感情。那种感觉就像打游戏突然满级了，有点儿无趣，也有点儿厌倦。

连云朵都有点儿忧伤

即便厌倦，我也从来没想到有一天，我和姜小松会走到岔路口。

那时距离毕业，还剩三个月。换句话来说，三个月后，我就可以实现十六岁时的梦想，嫁给姜小松。春节的时候，我去姜小松家吃饭，他爸给了我一个特别丰厚的红包。我美滋滋地收下了，并不觉得有什么不妥。

可是后来，一切怎么就在一夜之间变了呢？

那个霞光满天的傍晚，姜小松给我补过生日。他带我去的那家餐厅，价格贵得令人咋舌。我将菜单翻来覆去地翻了好几遍，一个菜也没舍得从嘴里报出来。

姜小松有些不耐烦："你到底还吃不吃啊？"

我积攒许久的情绪几乎就要喷薄而出，脑海里像是放了一场无声的电影。我想起姜小松帮小师妹补习高数忘记我的生日，想起姜小松对着长发飘飘的师姐幼稚地吹口哨，想起姜小松每天絮絮叨叨像个小老头儿，心里突然涌出一种深深的厌倦感。

下一秒，我站起来，说："我不吃了……我们分手吧。"

声音有点儿大，餐厅里很多人齐刷刷地看过来。姜小松面子挂不住，压低声音说："我说你是不是吃错药了？"

我没有理会他，而是拎着包出了餐厅。抬头看一眼头顶的天空，连云朵都有点儿忧伤。

其实这样的分手戏码出现过无数次，但我一直觉得我和姜小松之间的黏合度特别高。就算吵得天翻地覆，吵得周围的人都觉得我们成不了了，第二天我们照样牵着对方的手，在大街上招摇过市。

可这次，我们好像玩完了。

像经历了一场地震

因为，姜小松以光的速度有了新欢。

那天晚上，我和宿舍的姑娘们正热火朝天地喝着啤酒、啃着鸭脖。说到姜小松的时候，老大还说："我保证不出五天，他就会回来找你。"可就在老大说完这句话之后的五分钟吧，去阳台上收衣服的小麦突然"啊"地叫了起来。

众人闻声望向窗外。

昏黄的路灯下，姜小松将一个女孩小心翼翼地护在怀里，那个吻绵长得像春天里温柔的风。全世界的灯一定都熄灭了，只剩下眼前的姜小松俯身亲吻他怀里的女孩。我大口啃着鸭脖，辣得眼泪快要掉下来了。

姜小松，他一定是故意的吧？这些年，我从来没想过，和我接吻的那个人不是他。也从来没想过，姜小松亲吻别的女生也可以同样深情。

如果你也有过和一个人恋爱多年突然分手的经历，大抵就能理解我在那个瞬间，内心经历了怎样的大起大落。像是丢了自己最心爱的宝物吗？要是这么简单就好了。

有个比喻说，和相恋多年的人分手，不亚于经历一场地震。之前那么多年一砖一瓦堆砌起来的感情，瞬间塌掉了。倒塌的瞬间并不是最痛的，最难的在于灾后重建。

某一天半夜醒来,我下意识地翻手机,从通讯录的个人收藏里找到姜小松,准备拨出去的时候,眼泪一下子流了出来。有时会想,可能明天我们又和好了吧。有时又会想,一生只爱一个人多亏啊,换个人来爱也未尝不可。

然后,我几乎是以一种逃亡的姿态,去了北京。

明天在小城一起醒来

北京很大,时间也跟着过得飞快。

那几年,我不知道留在小城的姜小松爱过几个女孩,而我也记不清自己在北京带着真情或者假意,演绎过几个爱情故事。不过那几年,我和姜小松倒是冰释前嫌,我的出租屋里时常有他寄来的墨子酥。

我吃着墨子酥,时间一下子跑到2017年。我从23岁,晃到了28岁。

28岁的我,意气风发地出现在小城同学会上。大家围绕"孩子"聊得停不下来时,我半天也插不上嘴。而这,原本是我16岁时就梦想的生活。不过幸好,还有姜小松这只单身狗陪我一起落寞。

有人开玩笑说:"姜小松,你和莎莎重新凑一对呗。"

姜小松笑嘻嘻地回他们:"好啊好啊。"

时光兜了一大圈,我们各自被剩下,在最好的时光里,我们还有七年的感情基础来打底。这些理由足够让两个成年人,重新开始。古人说,温故能知新。也许我们重新温习一下旧情,将旧时光里的美好放进心窝焐一焐,就能在巩固旧情的基础上,增进新感情。

我看着姜小松那张熟悉的脸,确实有想过将中间这五年发生的事情一笔勾销,明天早晨在小城,和这个男人一起醒来。特别是后来,姜小松喝醉了,嚷着说"冯莎莎,这些年其实我还挺想你"的时候,我觉得23岁时未能实现的梦想,28岁来完成也未尝不可。

我们都成了爱说谎的成年人

我当真就实践起来。

我在电话里,和上司申请了七天的年假。七天的时间,足够去做一道证明题。赢了,就留在小城;输了,就回北京。

这个年纪的我,真是聪明又世故,才不会孤注一掷地不给自己留退路。

当天晚上,我和姜小松走在大学校园里,有些感觉也跟着一起回到了原地。我们的心里,像是不自觉地亮起一盏微小的灯,照亮的那部分回忆里,全都是两人的小甜蜜。

可后来走到当年的宿舍楼下时,我有些煞风景地问了这些年一直不敢问的问题:"你爱那个女孩吗?"姜小松想了想,回我:"我只爱你一个人。"

"那你怎么可以和她接吻?"我的口气开始带着质问。

姜小松也有点儿不开心:"那天我喝醉了,后来想找你解释,你已经去了北京。我还想问你，你在北京爱过多少男人？"

往事一件件被翻了出来。在北京的时候，我们隔着1200多公里的距离，温习起来的都是记忆里最美好的部分。一旦我们再次靠近，彼此伤害的那一部分就渐渐浮出水面。

对于我们彼此缺席的这五年，姜小松说让我相信他，可他却不相信我。

其实我们要相信什么呢？相信对别人都是假意，我一生只爱你一个人？不是这样的，后来我爱甲和乙的时候，也并不是没有过天长地久的打算。我们都变成了爱说谎的成年人，原来爱情的世界里，温故并不能知新。

三天后，我回了北京。一路上，我听了很多遍的《只爱陌生人》。很多爱情，都是以陌生人开始，以最熟悉的陌生人结束。

嗑完这包瓜子，再爱新的他

鱼小姐又失恋了。

这是她今年第三次失恋。鱼小姐在朋友圈满是委屈地问：为什么遇见烂桃花的人总是我？我给她打电话，一上来就毫不客气地说："原因很简单啊。因为你给了烂桃花机会呗，所谓苍蝇不叮无缝的蛋。"

鱼小姐半天没吱声，一时半会儿好像找不到理由来反驳我。

失恋，当然是件糟糕的事。原本满心期待的未来一下子少了一个人，那真是悲伤啊，心都被伤透了。无论如何，失恋都意味着一段感情的失败，意味着原本笃定的幸福只是泡影。

何况鱼小姐每次恋爱都很认真。而任何一段感情，一旦付出了真心，不管时间长短，不管最后是谁说的分手，结束的那一刻，悲伤都会蜂拥而来。

前两次失恋，鱼小姐也曾坐在地铁里泪流满面，也曾难过到以酒消愁。可不出半个月,我再打电话约她出来,她会满是歉意地说:"不好意思啊亲爱的,我和男友约好了去看电影呢。"

哪个男友?新欢呗。

鱼小姐治疗失恋的方法,向来是用新欢。新欢当然好啊,人是新的,相处的方式是新的,就连接吻,也有了新鲜感。一旦有了新欢,谁还有空去缅怀旧爱?可遗憾的是,鱼小姐每次恋爱都不长久。总是在相处一段时间后,就莫名其妙地分了手。

可能不仅是鱼小姐,很多人都天真地以为失恋后,只要启动了新恋情,就可以早点儿跨过失恋带来的悲伤,重新抵达幸福。

但新的幸福,并不是说换了个人就能开始的。如果一场爱情结束,你连反思的时间都没有留给自己,你能保证在下一场爱情中就不会犯同样的错误?不要说这场爱情之所以没有一生一世不怪你,也不要说那都是对方的错。任何分手,一定是双方都有过失。只有在一场恋情结束后,找出恋爱失败的原因,才能在以后的爱情里握住真正的幸福。

我不由得想起我那个曾在爱情里跌跌撞撞的小姨。

当年的小姨,眼看着就要加入剩女的行列了,她父母急,自己也跟着急,亲戚朋友到处帮着她张罗相亲。一个个相亲对象走马观花地谈下来,却终究没能求得个花好月圆。用她自己的话说,失恋?好像很久没尝过失恋的滋味了。因为总有下一个目标在等着开始新的恋情,早就忘了失恋这回事,更不会有时间停下来反思自己遇人不淑的原因。

时间一长,她被我们认为是真爱之路上打不死的"小强",不断恋爱也不断失恋。这样的次数多了,渐渐就有些心灰意冷了。为什么身边都是烂桃花?

很多年后,她才弄明白一个道理,其实不是烂桃花太多,而是自己盲目地开始一场又一场的恋爱,却从来没有反思过烂桃花为什么喜欢围着自己。可见,失恋之后,总结原因,吸取教训的这个阶段有多重要。

继续说回鱼小姐。那天是周六,鱼小姐坐在我家沙发上,一边怀念第三任男友的好,一边诅咒他的无情。喝完第五杯咖啡,她一脸难过地说:"不行,我要尽快找个男的,失恋太痛苦了。"

我朝她翻了个白眼,然后去楼下买了十袋瓜子拎回来,对她说:"别找了,嗑完这些瓜子再说。"鱼小姐不明所以,我笑着说:"你不知道吃瓜子也能治疗失恋吗?Believe me.(相信我。)"

那段时间,鱼小姐每天下了班,就来我的单身公寓蹭吃蹭喝,然后我在书房看书,她在客厅一边看电影,一边嗑瓜子。先把瓜子剥成瓜子仁,再一粒粒吃掉瓜子仁来消磨时间。失恋的那点儿苦,慢慢地也就没那么难熬了。

第十五天,鱼小姐终于没再嚷着找新欢。之后她像变了个人,业余时间开始读书、旅行、练习厨艺,也静下心来思考自己到底需要怎样的伴侣。半年后,鱼小姐遇见了良人。她在朋友圈开玩笑说,原来治疗失恋的良药并不是新欢,而是嗑瓜子啊。

我给她点了个赞。嗑瓜子当然治疗不了失恋,但失恋了,确实不用急着好起来。

试着静下心来，嗑一包瓜子，给自己一段悲伤期和反思期，允许自己难过一段时间。这样的悲伤，不是说从此对爱情失去信心，而是在这样一段时光里，发现问题，解决问题。等有一天你觉得遇到同样的问题，你不会再犯同一错误的时候，就可以打开心门，欢迎真爱的到来了。只有等你处理好了上一段恋爱留下来的后遗症，才不会在下一场爱情里重蹈覆辙。

　　毕竟你有那么好的青春，不是为了一场坏爱情。把自己调整到最好的状态，才配得上最好的爱情。

余光是你,余生也是你

最大的特点就是帅

唐言蹊是个美女。

小时候出门,总能听到路人惊叹:"哇,这姑娘真好看。"上了幼儿园,男生们都喜欢围着她,老师也对她宠爱有加。长得像个瓷娃娃,大眼睛忽闪忽闪的,谁会不喜欢呢?

从小就是美人坯子的唐言蹊,成年后也不负众望,有着一双大长腿,皮肤白皙,五官精致。笑起来的时候,眼睛里像是有阳光,让周遭都跟着亮了起来。

有次玩真心话大冒险,被人追着问,长得好看是一种怎样的体验。唐言蹊想了想,回对方:"可能是我喜欢的人一般都会喜欢我。"

这话不假。在遇见余光之前,追唐言蹊的男生不少,但她真正喜过的不多。算起来，也就体育系那个篮球打得好的高个子帅哥，健身房里那个长得像吴彦祖的教练，还有家楼下那个将警察服穿得很精神的邻家大哥哥。而他们最大的特点，无疑就是帅。

帅哥和美女是标配。但唐言蹊喜欢他们，大都是被动接受。不像余光，她是主动去爱他的。她爱的，不是徒有虚名的外表，而是他精致的灵魂。

这种含义的喜欢与之前的完全不一样。

男生都是视觉动物

那时是春天，唐言蹊刚结束一场恋爱。

她陪室友去隔壁大学见某个情感作家。绕了半天，迷了路。她叫住前面的男生，对方回头时，唐言蹊的眼睛里像是游过一万条悸动的鱼。逆着光看他的脸，唐言蹊的心突然被唤醒了。

这个男生，就是余光。

余光是建筑系的学霸，长得当然比不上她的那些帅得掉渣的前男友，但他的学识，以及他的涵养都是加分项。

后来，唐言蹊见过余光很多种样子。他在台上表演《暗恋桃花源》，在辩论场上口若悬河，在图书馆看书看得出神。每个样子的他，都让唐言蹊觉得像是打开了一片新的世界。

这是唐言蹊第一次主动去喜欢一个人。

她忐忑不安地研究了各种战术，不过并没有派上用场。女生追男生，从来就不是费劲的事，更不用说是唐言蹊这样的美女了。光是往那儿一站，大大方方地说一句"我喜欢你"，对方就毫无招架之力了。

男生都是视觉动物，余光也不例外。不过和那些小男生比起来，余光是特别的。他对她的爱，没有讨好也没有追捧。在唐言蹊看来，这样的爱情则越发珍贵。

两人恋爱后，大部分时候，都是唐言蹊来找余光。余光的生活看起来好像并没有什么变化，该看书的时候看书，该睡觉的时候睡觉。就连唐言蹊的生日，他也只是简单地发挥自己的特长，送了个建筑模型。

和前男友们比起来，余光对她，怎么看都有点儿不上心。

闺蜜说："倒追的，有几个会珍惜？"唐言蹊却不这么认为。她喜欢的，就是余光身上这种淡定从容的自信。

你的美丽只是暂时的

两人刚在一起的时候，余光也会和她探讨建筑的构图之美，有点儿牛头不对马嘴后，他试图和她聊点儿文学。毕竟，那是她的专业啊。可惜，他说了半天，她也不知所云。一建筑系的男生，对毛姆也研究至深，简直是逆天。

唐言蹊有点儿惭愧，却也没放在心上。就算她不懂CAD（一种制图软件）又有什么关系，反正余光看向她的时候，眼神里的爱意一点儿都不少。作为美女,她有这样的自信。

大三下学期,余光开始备研。他拉着唐言蹊一起选学校,被她一口回绝。在唐言蹊看来,征服世界是男人的事,她从来就没有那么远大的理想。所以只要余光很优秀就好了,她要做的,只不过是红袖添香。

余光一头扎进书堆里,很少有时间搭理她。有次她去图书馆找余光,看到他正和身边的女生说着什么。窗外的阳光打在两人脸上,唐言蹊远远看着,突然觉得,余光离自己有点儿远。

这是唐言蹊第一次在爱情里,有点儿不安。

她很快就打听到,那个女生叫温雅,是建筑系的才女,功课和才华与余光不相上下。温雅当然没她漂亮,可温雅和余光一起探讨建筑图时的样子,浑身上下都散发出一种唐言蹊所没有的光芒。这让唐言蹊有些心慌。

于是不自觉地把温雅当成了情敌。

唐言蹊跑到温雅面前说:"你最好离余光远点儿。"温雅先是微微一愣,然后淡淡一笑,说:"你是唐言蹊吧?我喜欢余光没错,我知道你比我漂亮也没错,但是很遗憾,你的美丽只是暂时的。所以,不如我们公平竞争吧。"

唐言蹊并不是没有遇到过情敌这种生物。但没有人像温雅这样,还没过招,就在气势上赢了她。和温雅比起来,她除了一张漂亮的脸蛋,还有什么呢?她在他们学校隔壁那所不入流的院校里,混着小日子,每天关心的是衣服和化妆品。人生这样厚重的话题,余光没办法和她聊,后来干脆也就不聊了。

聊不到一块儿的爱情，迟早会出事。

唐言蹊从来没有被别人甩过，所以在余光这里，她也要抢先一步说分手。余光从书堆里抬起头，眼睛里有细小的血丝。他愣了下，有点儿疲惫地说"别闹了"。

一周后，余光来找她。他以为她只是在闹情绪，说等考完了就来陪她。唐言蹊笑笑，撒了个谎："我已经有新男友了。"

余光的眼神很受伤，唐言蹊看着，心里有说不上来的难过。

领悟到深深的恶意

这点儿难过，很快就被毕业的浪潮冲淡了。

唐言蹊一头扎进社会这个大染缸。她从不避讳美丽这件事带给自己的便捷。在其他女生忙着投简历赶招聘会时，她几乎没费什么力气就拿到了上海一家大企业的offer（录用通知）。虽然只是小前台，但老板给的薪水可观，工作也很清闲，她只用每天打扮得花枝招展地装点门面。

可很快唐言蹊发现，那个在办公桌上放着一家三口合照，每天西装革履在会议室对着员工指点江山的老板，其实有点儿道貌岸然。他经过前台，看向唐言蹊的眼神，带着赤裸裸的暗示。

有天下班，老板走过来，公事公办地说："你陪我去参加一个酒会。"唐言蹊当然还没能猖狂到直接拒绝老板，可当酒会结束，老板暗示她跟自己回酒店时,她几乎是落荒而逃。

丢了工作的唐言蹊,领悟到深深的恶意。

这个世界确实对美女开了很多绿色通道,却也毫不吝啬地给了等量的诱惑和危险。她想起温雅说的"你的美丽只是暂时的",突然感到有点儿不寒而栗。

在一个朋友那得知,余光和温雅一起考上了同济大学建筑系的研究生时,唐言蹊有点儿嫉妒也有点儿难过,同时也像是受到了某种鼓舞。她突然想结束眼前这种有点儿浑蛋的人生,让人生换个方式来过。

这个想法让唐言蹊斗志昂扬。

她的新工作是在一家电商公司做运营。基础差,底子薄,每一步都走得比别人辛苦。周末也没敢闲着,奔波在各类培训班,像是要把荒废的光阴全都补回来。

当那张吹弹可破的脸渐渐有了小细纹时,唐言蹊也从"小花瓶"变成了可以独当一面的职场小魔头。有同事揶揄她:"长这么好看,直接找个有钱人嫁了就是,何必在办公室里浪费大好青春?"

唐言蹊笑笑,不说话。她想起余光,心里又温柔又惆怅。他的身边,应该站着温雅吧。

有人说,美女都很难长情。反正失恋了,后面还有大把的男人排着队。随便挑挑,就可以挑个入眼的来疗伤。以前唐言蹊就是这条定律的践行者,但在余光那里,有些规则不知怎么就突然失了效。

一年过去,三年过去,这个男生好像一直都还在心里的某个地方。

倒也不是多念念不忘，只是好像一直都没办法真正喜欢上别人。之后谈过的两三次恋爱，都无疾而终。

谈一谈人生这样厚重的话题

2017年年底的时候，唐言蹊升了总监。

有天上午，见完客户，从南京东路地铁站出来时，看到有个女生的背影，像极了温雅。她走上前，叫住对方，温雅惊喜地叫了起来："唐言蹊，你怎么会在这里？"然后，温雅指着旁边的男生说："喏，我男朋友。"

那个男生，并不是余光。

找了家咖啡馆坐下来后，温雅有些不好意思地说："对不起，我当年骗了你。其实我和余光一直都只是朋友。那时我看不惯你这种花瓶一样的女生，觉得你配不上他，才说了那番话。后来我想去找你解释，余光却告诉我你已经有了新男友。失恋的那段时间，余光很颓废，差点儿耽误了考研。"

唐言蹊安静地听着，青涩的回忆像泉水一样喷涌而出。

在街头告别时，温雅说："余光有过一个女朋友，跟你很像，但后来还是分手了。他现在在设计院上班，我觉得你们应该见个面。"

温雅反复说了很多抱歉的话，但唐言蹊觉得，其实她最该感谢的人是温雅。曾经的她，在男人的吹捧下，那么浅薄地以为自己拥有了全世界。后来才知道,即便是红袖添香,也要足够优秀,才能淡定从容地站在另一个人身边。

就在那天晚上,唐言蹊接到一个陌生来电。她从阳台望出去,楼下站着的,是昔日的朗朗少年。他说:"唐言蹊,这一次,表白的话,由我来说。我希望你的余生里,能够有我。"

唐言蹊下楼,看着余光一步步地朝自己走来。或许这一次,她可以跟他聊一聊毛姆,关心一下时事,甚至谈一谈人生这样厚重的话题。

第十个夏天，我和你并肩

2017年，不期而遇

闵佳设计过很多和冯琛相遇的方式。

感谢万能的微博，可以悄悄关注，让她躲在暗处，偷了冯琛四年的时光。所以，即便这四年里，他们不曾联系，她也比任何人都清楚冯琛的现状。他在哪里上班，他吃了什么，他的烦恼，他的快乐，全都在微博里，一览无余。

年初的时候，冯琛谈了三年的恋情，宣布game over（游戏结束）了。有天深夜，闵佳看到冯琛发了一张衡山路酒吧的照片。失恋后喝酒买醉？闵佳有些不放心，当即打车去了衡山路。

一家一家酒吧找过去，终于看到那个熟悉的身影。可她还是没有足够的勇气，出现在他面前。深爱一个爱而不得的人时，总是卑微到了尘埃里。失了恋的冯琛看起来很狼狈,她从来没见过这般颓废的他。

那段时间,闵佳注册了很多小号给冯琛留言,还写了各种心灵鸡汤去安慰他。时间一长,冯琛的微博终于又回归到积极向上的调子,闵佳暗自松了口气。

夏天光临这座城市时,闵佳心情大好。就在这个季节,她再一次升职加薪,未来看起来明亮又美好。有时,走在大街上,连她自己都不敢相信,橱窗里的那个好看、精致的女孩会是她自己。

按这样的速度持续下去,不久的将来,她应该可以自信满满地出现在冯琛面前了吧。可她没想到,自己设置的剧情,一个都没派上用场。

因为不久之后,她在书展和冯琛不期而遇。

那天下了班,闵佳去赶书展的夜半场。在外文书区域,闵佳找到卡尔维诺的那本《看不见的城市》。这四年,她考了高翻,英语水平有了极大提高,看书和看电影,慢慢开始热衷于原版。

她正翻得入迷,突然听到旁边有个声音,带着不确定的口气传了过来:"闵佳?"

一抬头,便看到了那个常常在梦里出现的冯琛。

是谁说,等到多年后修炼到足够自信之时,再遇到年少时喜欢的人,就再也不会怯场了。可眼前这个男生,仿佛任何时候都有一种魔力,能够在她的心里掀起波澜。

这四年里,她所有的努力,都只不过是为了有资格,站在他的身边。

2013年,没来得及告别

时间往前推,2013年,冯琛大学毕业。他牵着一个姑娘的手,很认真地对闵佳说:"现在你相信了吧?我从来都没喜欢过你。所以,对不起,不要在我这里浪费时间了。"

那时,她已经工作一年,在哈尔滨当个小文员。之前,冯琛劝她回南方,她总是说:"你在这儿,我为什么要回去?"

冯琛的眼神里,渐渐地就有了不耐烦。可是,能怎么办呢?她就是控制不住地喜欢他,喜欢一个人就要努力去争取,喜欢一个人就要拼命对他好,这哪里有错?

那时,闵佳尚且不知道,自己的喜欢,对于冯琛来说,已经成了一种负担。所以,这一年的夏天,他牵起一个姑娘的手,毁掉了闵佳所有的期待,也毁掉了闵佳对爱情的信仰。

冯琛宿舍里,有个兄弟跟闵佳关系要好,看到她难过,忍不住说出了藏在心底的话。他说:"闵佳,你是个好姑娘。可喜欢这件事,除了凭感觉,两人还得处在同一频道。所以光对他好,并不能赢得爱情,你要学会,先让自己变得足够好。"

后来,他还说了很多道理,某个瞬间,突然就点醒了闵佳。这些年,她一直站在一个仰望冯琛的位置,拼了命地对他好,却从来没有想过,他需要的是一个能和他并肩的恋人。

没来得及好好告别,闵佳就辞掉哈尔滨的工作去了上海,消失在了冯琛的世界里。

2009年,表白像是绕口令

时间再往前推。2009年夏天,闵佳收到来自哈尔滨一所专科院校的录取通知书。认识她的人,都很困惑。反正都是专科,何必从暖洋洋的南方,跑到滴水成冰的北方?

没人知道,这个大大咧咧的女孩,心底藏着一个叫冯琛的少年。冯琛的大学在北方,有冯琛的地方,才是她闵佳的天堂。

大学开学那天,闵佳假装在火车站和冯琛偶遇。在这之前,他们几乎没单独说过话。当闵佳说到,她要去的城市也是哈尔滨时,冯琛笑着说:"这么巧,我还愁那边老同学少呢。这下好了,咱们以后都可以结伴回家了。"

冯琛笑起来的样子,美好得像是海棠开在春天。闵佳的心,兴奋得像要飞起来了。

优秀少年冯琛,在哈工大读最好的土木工程专业,闵佳的那个专科大学,和冯琛的学校隔着两条街。填志愿的时候,别人都在掂量分数与大学之间的差距,闵佳辛苦计算的却是自己的学校和冯琛学校之间的距离。

哪所学校，什么专业，通通没有关系，只要离冯琛最近就行。

仗着在哈尔滨他们只有为数不多的几个同乡，闵佳总是能找到各种借口去找冯琛，她对他的好，昭然若揭。以至于后来有次聚会，冯琛宿舍的兄弟们开始改口叫她嫂子。

那声甜甜的"嫂子"，叫得闵佳心花怒放，却惹怒了冯琛。他当众发了火："你们瞎说什么呢，我们就是普通朋友。"

氛围有些尴尬，闵佳却不知道哪里来的勇气，她噌地站起来，说："冯琛，我喜欢你。我知道你不喜欢我，没关系，我会努力让你喜欢我。"

这句表白，像是绕口令。这也是闵佳第一次对冯琛表白，后来的时光，她像个跟屁虫一样跟在冯琛的身后，帮他洗衣服，给他织围巾……她的世界，围着他转。

四年的时间，闵佳的学业以及后来的工作都不尽如人意，她的人生目标，是用自己的努力，换来冯琛对等的喜欢。那时的她，只是不知道，喜欢这件事，并不是努力就会有回报。

2007年，光芒万丈的少年

时间回到2007年，闵佳上高二。

要如何形容2007年的闵佳呢？她留可爱的蘑菇头，穿各类奇装异服，逃课，上网，在课堂上恶作剧，是老师眼中另类又头痛的学生。

那时她觉得，青春就应该活得这样肆意而张扬。

直到冯琛的出现，她的世界突然安静下来。冯琛转学来他们班的那天，穿格子衫，笑容恬淡地站在讲台上，惊艳了她2007年的时光。

在这之前，闵佳和隔壁班打篮球的帅哥早恋。那时她觉得，喜欢一个人，就是走到他面前，说出来，就可以皆大欢喜。可当她真正喜欢上一个男生的时候，才发现，说出这句喜欢，是件非常艰难的事情。

那时，她唯一能做的，只不过是躲在角落里，仰望这个光芒万丈的少年。所以，十年前的闵佳，尚不明白，喜欢一个人，应该努力让自己变得更好，而不是站在那个仰望他的位置。

她终于和他并肩前行

时间回到2017年。冯琛一连串的问题，将闵佳从回忆里拉了回来："闵佳，这些年，你在哪儿？过得怎么样？来上海出差？"

闵佳被他脸上的表情逗乐了。甚至，她看到冯琛的眼神里，除了惊喜，还多了不易觉察的赞赏。

真好，她终于脱胎换骨、自信满满地出现在他面前了。

"我一直在上海啊，没想到你也在。"闵佳不想告诉他，她一直都知道他在这里，他们一直呼吸着同一座城市的空气，他是她一直努力想要变得更好的动力。

说到后来，冯琛突然说："当年，对不起。"

"不是……该说对不起的人是我，当年给你造成太多的困扰。"闵佳显然没想到冯琛会道歉，她说得有些语无伦次。

两人在咖啡馆聊了很久，久到让冯琛觉得，坐在他面前的，不是闵佳，而只是一个和闵佳长得很像的姑娘。印象中的闵佳，是个没头脑的傻姑娘，除了对他好，他们几乎没有任何共同的话题。

可是，你能相信吗？四年过去，她终于和他站在了同一频道。那天，他们在咖啡馆聊至深夜，似乎把四年里错失的时光，全都补了回来。

故事到了后来，爱情似乎是顺理成章的事情。

冯琛开始找各种借口，约闵佳吃饭。闵佳的心，幸福得想要跳舞。不过2017年的她，早已学会了不动声色。她知道如何拿捏两人合适的距离，也知道冯琛想要的，是怎样的爱情。

真好，她终于不用再讨好这个男生，而是平等地和他对视。

有天两人挤地铁，冯琛用双手帮闵佳环起一个小小的世界。然后，他贴在她的耳边问她："闵佳，我们在一起吧？"

她没有任何犹豫地点了头。

那一刻，她不再是仰望他，而是和他并肩前行。也是在那一刻，她才明白，好的爱情，应该是彼此能够成为对方的加分项，这样才会让彼此赏心悦目。

凌姑娘，步行街上有人等

等一人锦上添花

2016年春天，凌墨有些莫名地焦虑。心里的坏情绪像野草般肆意地疯长，她恨不能将它们一根根地拽出来。生活被困在原地，找不到出口。

四月初，凌墨飞广州出差。

同行的一群人里，包括周延。有周延在，日子像是被PS（修图）了一番，总觉得美好绵长了些。

怎么说呢，周延是那种笑起来有点儿痞气的男生。但那点儿痞，却又是健康阳光，无公害的。一眼看上去有点儿放荡不羁，私底下却时常害羞得像个邻家大男孩。

两年前，凌墨在同乡会上认识了他，然后他摇身一变，成了自己的新同事。周延喜欢歪着头叫她"凌姑娘"。真够土啊。凌墨一开始跟他急，时间久了，也就习以为常了。

出发那天，上海正好赶上一场哗啦啦的小雨。虹桥机场，她远远听到周延喊"凌姑娘，这边，这边"。隔着人群，周延小跑过来，帮她提箱子，换登机牌，托运行李。身边的Lisa意味深长地笑，平白无故就多了点儿暧昧的味道。

凌墨有片刻的失神。

飞机上，周延随口冒出来的冷笑话，像极了背景音乐，抚平了她心里的烦躁。讲到"有个爱国诗人叫陆游，面对山河破碎，陆游气坏了……"时，遇上一层厚厚的阴云，机身颠簸得厉害，周围陷入慌乱。这样的慌乱中，有人抓住了凌墨的手。她想挣脱，却被握得更紧。

心里，有万马奔腾而过。

一分钟后，窗外重新切换到万里无云，四周也渐渐安静下来。周延有些尴尬地玩手机，凌墨低头翻杂志。一直到下飞机，坐上出租车，两人心照不宣地保持缄默。

出租车外，是四月的广州。空气里散发着花香，植物郁郁葱葱。凌墨无意中听到电台主持说："这个世界上，美好的事情都急不来。比如四月斑斓的风，突然下雪的凌晨，比如人潮汹涌的街头，等一人锦上添花……"

凌墨在最后的那句话里，无比惆怅地想起了陈一舟。

好的坏的，照单全收

陈一舟这个人，说不清哪里好。仿佛是她一厢情愿地给他的生命中加了糖，然后让自己欲罢不能地困在两人的爱情里。

整整有六年了吧。

作为魔都土著，陈一舟从小占尽地理优势。来自北方小城的凌墨，费了很大力气才看到的风景，在陈一舟那唾手可得。有时凌墨也分不清，陈一舟最初吸引自己的，是他这个人，还是他土著的光环。

大一那年圣诞节，凌墨用一针一线织出来的围巾，在一群女生中，亮瞎了陈一舟的眼。那天，她站在男生宿舍楼下，拦住陈一舟，将围巾放在他手里，看着他，非常郑重地说："陈一舟，我喜欢你。如果你也喜欢我，明天晚上八点，请来篮球场找我。"

说这些的时候，凌墨的目光笃定、淡然，那么清澈地望向眼前的这个男生。陈一舟愣在那儿，欲开口时，她打断他："你不用急着给我答案。"

说完，扭头跑开。

第二天，凌墨如愿在篮球架下等来了陈一舟。陈一舟像变戏法一样，从口袋里拿出一粒糖，扔进嘴里，用嘴巴咬住一半，然后不怀好意地问她："要不要吃？"凌墨愣了一秒，便将嘴巴凑了过去。他用这种方法，向她索要了一个吻。也让她的倒追，没那么难堪。

那天黄昏的暮色里，凌墨隐约触摸到了精致且明亮的未来。

可后来的这些年，凌墨时常感到惶恐。那种感觉，如同饿了很久的人闻到炊烟，但知道不是自家的。就像她清楚地知道，要想博得陈一舟父母的欢心，要想房子、户口一起解决，只能让自己尽可能地变得优秀。

六年过去了，她仍然在等一个结局。好的坏的，都得照单全收。

这样的六年，像是在出租车上做的一个梦。梦里醒来，已经到了酒店门口，周延走过来帮她拎箱子。

像是爱情光临的声音

周延知道凌墨有心事。

那点儿心不在焉，如同一颗钻石垂在暮色里，气势磅礴。她拼命想要隐藏，但就像有人说的，心事这种东西，即便捂住了嘴，也会从眼睛里跑出来。

周延远远地看着，使不上劲，有些干着急。

傍晚的时候，一群人从北京路吃完饭回来，同屋的Lisa突然凑到凌墨跟前，一脸神秘地说："听说周延喜欢你哎。"凌墨一愣，继而摇头，然后睁着一双无辜的大眼睛否认。一系列表情，惹得Lisa惊呼："你不会也喜欢他吧？"

"亲，我有男朋友呢，你忘了吗？"

"噗，陈一舟吗？真不想说你。"

Lisa的这句话，让凌墨陷入困顿。然后她想到一个曼妙而落寞的词——如果。如果和周延在一起，也许就不用步步为营，不用诚惶诚恐，只用简单地做自己就很好。但是……

但是，真的不甘心啊。

不甘心耗费六年，换不来happy ending（圆满结局）。心里的那点儿苦，像文火熬汤，不管内里如何翻来覆去地折腾，也只能闷闷地独自咀嚼。

在这种情绪肆意疯长之前，手机上收到周延发来的微信：晚上带你去小蛮腰坐摩天轮可好？平和的、商量的语气，让她觉得温暖。

傍晚的夕阳里，两人站在广州塔，俯瞰珠江的夜景，凌墨心里的那点儿忧伤，一点点散去。身边的周延突然没头没脑地说："凌姑娘，其实有时候，人生换个方式来过，也未尝不可。"

她看着他，淡淡地笑，没有说话。

小蛮腰上的摩天轮在夜空旋转飞舞，带着她和周延到达顶端时，有风呼啦啦地从耳边呼啸而过，像是爱情光临的声音。

陈一舟的电话，就是在那个点打进来的。

凌墨从摩天轮上下来，看到未接来电时，心里的惆怅又添了三分。

一旦跨过某个临界点

陈一舟瞒着她，在和各路姑娘相亲。这件事，凌墨心里再清楚不过了。

有时电话打给陈一舟，她能听出他语气里的慌乱。六年，那些细枝末节即便是隔着话筒，也能听出端倪。所谓爱情里的绝望，原来并不是一定要吵得天翻地覆，有时不痛不痒不远不近的状态，才最让人抓狂。

在广州的最后一天，一群人去上下九吃煲仔饭。热气腾腾的食物端上桌，发出"嗞嗞"的响声。凌墨在这种声音里，慢慢悟出一个事实：也许磨损他们感情的，从来不是时间，而是陈一舟的漫不经心和若无其事。

她想起有一次，下班高峰期，车子堵在西康路。凌墨试图找话题缓解堵车的烦躁，但她的热烈，换来的却是陈一舟惜字如金的敷衍。百无聊赖地望向窗外时，看到一家煲仔饭的店面。她扭头问他："去吃可好？"陈一舟撇撇嘴，一脸不耐烦。路通了，他一脚踩了油门……

这样的画面，早已是他们爱情里的常态。

有时她看着陈一舟，心底会生出一种孤独无助之感。就像茫茫大雪里只有她一个人，烈日艳阳里也只有她一个人。《开往春天的地铁》里的小慧说，我们过去七年的感情，就像个小孩子一样在我们面前淹死，而我们却不去救它。

她和陈一舟也一样，心已经凉了，只不过都在等对方来给这段感情做个了断。

是在那碗煲仔饭的雾气里，凌墨决定做那个主动辜负的人。原来一旦跨过某个临界点，那点儿委曲求全的爱，便轻薄得不值一提。

回上海的航班上，凌墨将草稿箱里的短信点了发送键。落地后开机，陈一舟的回复，只不过是一个不带标点符号的"好"字，简单干净且利落，轻松地结束了两人六年的瓜葛。

Lisa知道后，大呼小叫："恭喜你从陈一舟那儿毕业了。"然后又回过头来补充一句："其实周延挺不错的。"

步行街上有人等

周延很好，凌墨当然知道。但人心很小，这座城市，走到哪里都是她和陈一舟的回忆，逼迫着她只想逃离。

礼拜一，凌墨悄无声息地递交了辞呈，买了一张回北方小城的机票。

周延从Lisa那儿知道这个消息时，凌墨正在飞机上为一部电影掉眼泪。里面有句台词说，青春啊，有时真像个冷笑话，要事隔多年才知道，当时的笑点在哪儿。回过头来看，那个挤破脑袋想要走捷径留在魔都的自己，确实是有那么一点儿冷笑话的味道。

其实，小城有小城的好。

每天不用挤地铁，慢悠悠地穿过街道就是办公室。凌墨的焦虑，在这种缓慢的节奏里，悄然痊愈。有关陈一舟的记忆，也终于慢慢淡去。偶尔，她在茶水间，会恍然听到有个熟悉的声音，叫她"凌姑娘"。

分不清是幻觉，还是真实。

2017年春节，凌墨在家包饺子。小侄女拿着她的手机，念了一条新收到的短信：凌姑娘，小城步行街有人等。众人一片哗然，她闹了个大红脸。

披了件新买的外套就出门了，凌墨嘴角的笑意，如同春天里的桃花，一点点蔓延开来。

镜头切换到步行街，人群中的周延，看起来有点儿忐忑，像极了多年前那个初涉爱河的少年。如果周延不说，也许凌墨永远不会知道：上高中的时候，有个高年级的学长，热烈地暗恋过她。在上海遇见她之后，那个当年因为自卑而不敢表白的男生，毫不犹豫地跳了槽，和她做了同事。

他喜欢歪着头，叫她"凌姑娘"。

而此刻，这个姑娘，正笑靥如花地朝他走来。

喜欢一个人，总会有所图

公司新来的实习生，刚好是我的小学妹。

人长得水灵，性格也好。早上在公司楼下遇到了，隔着老远，就能看到她笑成一朵花地打招呼。反正我挺喜欢她。

漂亮的女生，自然不缺爱情。可混熟了才知道，她在单恋一个人。

有一天，我俩一起出去吃饭，聊到这个时，她睁着一双纯良无害的大眼睛问我："师姐，我就是想不通啊，明明我什么都比那个女生好，为什么他就是看不到我？"

这个问题好难，就连情感专家也一直在告诉我们，爱情没有道理可讲。

我想了想，回她："可能她的身上，刚好有你所缺乏的某种价值，而这种价值，刚好又是他想要的。爱一个人，总是有所图。不是他看不到你，只不过碰巧你的身上没有他想要的。"

小学妹更困惑了："我就是简简单单地喜欢一个人啊，怎么能有所图呢？"

是啊，爱情怎么能有所图？

暂且不说长大后的爱情。年少的时候，我们喜欢一个人，总是不问原因不问结果吧？

喜欢了，就掏出一颗心来对他好。想见她，就可以漂洋过海去看她。这样的爱情，纯得能滴出水来，怎么能说是有利可图？

不不，不是这样的。

那时候，你喜欢他，可能是因为他穿白衬衫站在阳光下笑起来的样子，让你赏心悦目；你暗恋她，可能是因为她一低头一回眸的浅笑，让你心生柔软。

刘瑜说，爱情是欣赏一个人的美好。

因为对方有了让你心动的价值，荷尔蒙才会跑出来捣乱，这才有了爱情。

说回小学妹，我从她的描述里，知道她单恋的那个男神，目前正在创业。人家需要的是能和他并肩作战的伴侣，能随时给他建设性意见和帮助的人。

而这些，小学妹给不了。所以，她从一开始就输了。

我想起我的朋友美芽，她在25岁时爱过一个男生。

怎么说呢？以美芽的条件，可以有更好的选择。可茫茫人海中，她独独只看得到他。

他有什么好？美芽笑而不答。心甘情愿地跟着他，住着租来的房子，为他洗手做羹汤。

后来他的事业一点点打开，情况渐渐好了起来，手里的存款也足够买座房再买辆车，给美芽一个家。可谁也没想到，美芽提了分手。

所有人都不解。

美芽在喝醉的夜晚，哭着说："他早已不是以前的他了。"

是在那晚我才知道，事业上了台阶后，这个男生就变得骄傲起来。他收入比她高一大截，就有点儿瞧不上她那不温不火的工作了。

她升了职，他说："又能怎么样？就你那小公司，还能有什么出息？等结了婚，留在家里好了，我养你。"

这样的分歧多了，美芽的一颗心便淡了。

分手的时候，他不甘心地问她："我一无所有的时候，你愿意陪在我身边。为什么我什么都有了，你却要离开我？"

我理解美芽。

回过头来看，美芽当初选择他，其实也是有所图的。那时，她图的是他和她情投意合，图的是他的积极上进。那时的他，让她对生活充满希望。再难的日子，也仿佛被加了一勺糖。而后来，他满足现状，自以为是，甚至不肯欣赏她对人生的追求。

所以，美芽还能图他什么呢？

爱一个人，总是有所图的。他的身上，一定有你想要的某种价值。

而越到后来，我们也越在意这种价值。他为人宽厚，踏实上进，能给你安全感；她温柔贤惠，体贴大方，能给你温暖的家；他勤奋好学，知书达理，是只潜力股；她性格开朗，乐观善良，是个贤内助……总有某个地方，刚好让你有所图。

甚至有时候，一个人的价值，便决定了你在爱情里，会有怎样的伴侣。

好看又多金的优质男，喜欢的一定不会是灰姑娘，如果有例外，那灰姑娘一定有双水晶鞋。一个年轻漂亮的女孩，愿意陪在一个一无所有的男生身边，她看中的，也许是他的积极进取，也许是他对她的好。

总有某个闪光点，让我们心甘情愿臣服于爱情啊。所以，还有哪类爱情，是无利可图呢？

不如就大大方方地承认，爱情有所图。这并不是贬低爱情的纯度，而是对自己的价值以及对方价值的一种肯定。你是谁，才配得起谁。

能让你咧开嘴大笑的，才是好爱情

好的爱情，一定是以快乐为前提。

搁五年前，我说这话，我的朋友大双肯定第一个站出来反对。

我都能想象出，她吹胡子瞪眼跟我急的样子。我还知道，她肯定会说："狗屁，没有在深夜里痛过、哭过、相互折磨过，怎能叫爱过一个人？"

在大双眼里，好的爱情，一定是要在经历过刻骨铭心的痛，轰轰烈烈的磨难后，才会沉淀出一点点的好，以及细密的温柔。

年轻的时候，大双在爱情里爱得很用力。

那个男人，让她怦然心动，也让她心力交瘁。对方好是好，就是一颗心没有全部用在她身上。不是无故玩消失，就是在一起时，板着一张脸，有点儿难取悦。

有次我和他们一起出去吃饭，大双对着美食，忍不住就很开心。可对方皱着眉，瞅了她一眼说："小点儿声，大家都看着你呢。"大好的心情，一下子就减半了。

　　这场恋爱，谈得有点儿辛苦。大双时常委屈得掉眼泪，悲悲戚戚的样子，让我们心疼，我们便劝她分手。可大双说："这个人让我牵挂，让我心痛，那不恰好说明，我心底爱的是他？这明明就是真爱呀。"

　　陷在爱情里的人，很难跟她讲逻辑。

　　发展到后来的戏码，就有点儿狗血了。大双大概怎么也没想到，他在外地会有个女友。一大好姑娘，就这样出其不意地当了第三者。

　　如果就此止损，这一页很快就能翻过了。可大双偏偏是个死脑筋，她带着不甘继续纠缠，最后自然伤得体无完肤。怪只怪，那时候，大双的恋爱观里，真爱一定要有一点儿虐心的情节。

　　这好像并没有错，毕竟青春怎么过，都不会错。

　　我想起读大学时，在记者团认识的姑娘笑笑。

　　大一刚开学不久，笑笑就恋爱了。一开始，我们其他人并不看好这场恋情，怎么说呢，总觉得他们的相处，有点儿过于寡淡。

　　就不说什么浪漫的表白了，连笑笑生日，他们也只是在食堂吃饭的时候，多加了一份鸡蛋面。我们替笑笑打抱不平，她却乐呵呵地说："没关系啊，吃大餐花的也是父母的钱，何必呢？"

　　其实笑笑的爱情，自始至终都是淡淡的，但她自始至终看起来都很快乐。也不知道这两人，怎么就那么容易高兴。

　　有时两人一起上自习，笑笑回到宿舍时，脸上的笑容都还没来得及收回去。

问她为何笑得那么开心,她答:"他刚说我今天穿的裙子很漂亮呢,哦,对了,我们还计划今年出去玩一趟,你们说,去哪里好呢?"

"就这些?"

"是啊,就这些,难道不值得高兴吗?"这样的快乐,听起来多寡淡。

可后来我们终于承认,如果一段爱情能让你因为一点儿小事就快乐起来,那很大程度上,和你恋爱的这个人,就是良人啊。

毕业后,笑笑屁颠屁颠地跟着男友去了南方。一开始,日子当然有点儿苦。可他们偶尔出去吃顿火锅,都能提前高兴好几天。在商场买到一件性价比很高的衣服,也恨不得开心一晚上。再后来,他们快乐地结了婚。

比起笑笑,我们慢了半拍才明白,能让你咧开嘴大笑的那个人,才能给你健康的爱情。

就像多年后,大双身边的男生,看起来不惹眼不张扬,温和谦逊,眉眼里满是和气。

可就是这个男生,会因为她在大半夜想吃螺蛳粉而开车兜遍了整个小城,而她也会因为想要给他一个惊喜,而偷偷找小雪练习厨艺。

两人可以对着一盆酸菜鱼,吃得很欢乐。也可以因为月底的一次短途旅行,开心上好多天。我在大双的眼睛里,看到了最妥帖的爱情。

所谓好的爱情,一定是以快乐为前提。

如果你走在大街上,想到对方的时候,会忍不住咧开嘴笑起来,那么相信我,你的爱情再差也不会差到哪里去。

Chapter 2

愿有素心人,陪你数晨昏

眼前的世界有点儿粗糙,岁月也没那么温柔,当你在不断往前奔跑的时候,愿你即便强大到无须有人陪,却依然幸运到有人细水长流地陪在身边。

愿有素心人,陪你数晨昏

不知道有多少姑娘和我一样,在无所畏惧的少年时期,一心想要逃离眼前的生活。在一次次抵达远方的过程中,体验人生的聚散。我以为那种离别带来的疼痛,就是成长。

后来走过一程又一程的山水后,逐渐发现,孤独、失败以及无能为力的失去,是成长的一部分。而那些温情的陪伴与守候,也是成长的路上应该珍藏的钻石和瑰宝。

谁陪你聊精致的灵魂

可能每个女孩的人生里,都不可避免地会有一段自卑、敏感而又孤独的时光。对我来说,那段时光,是指19岁到22岁。

那时,我在淮南上大学。

作为宿舍里唯一的小镇姑娘，我很快感觉到自己的不一样。那点儿不一样，是宿舍的姑娘们聚在一起聊到某个品牌时，我分不清说的是衣服还是化妆品；是她们打扮得花枝招展去逛街的时候，我不合群地躲进了图书馆。眼前的城市，处处人潮汹涌，我却有种将自己压扁了也挤不进去的绝望。不知道你能不能够理解，那种游离于人群之外的孤独。

有些人的出现，就像一束光。韩珍珍是我在人海中找到的同类项。

她和我一样，也来自不知名的小镇。可她是那样自信满满的姑娘，她说："妞，我们努力点儿，未来总会好起来的。"说这句话的韩珍珍，整个人笼罩在夕阳里，看起来特别美。而我心底那点儿捉襟见肘的自卑，就这样被她说得一点点消散了。

我记得我们第一次去吃西餐时，什么都不懂的小尴尬；也记得我们一起去商场专柜，买到第一瓶Dior（迪奥）香水时的小兴奋……原本有点儿糟糕的岁月，因为有个人陪伴，很多事情好像就没那么难了。

22岁之后，我和韩珍珍辗转于不同的城市。很多朋友一路走一路丢，可她在我心里一直占据了很重要的位置。

后来的我们，心里都有一把筛子，筛选朋友的过程更为苛刻，对陪伴的要求也更高。你还会以为一起吃饭逛街就是陪伴吗？与这种锦上添花的喧闹比起来，不在身边却还在心上，这才是更深层次的陪伴。

就像我和韩珍珍，不常见面，也很少寒暄，可我们心里都清楚地知道，无论何时，始终有个人能陪自己聊一聊精致的灵魂，以及诗意的远方。

爱是日积月累的绵长情谊

或迟或早，都要经历一场爱情啊。不问原因，不问结果。只是我爱你，所以我愿意等你。中文系师妹舒雅22岁之后的人生，毫无防备地陷入了漫长的等待。

她等的那个人，叫Ken。Ken是苏州人，他们在大三那年开始谈恋爱。毕业后，Ken飞去太平洋彼岸念研究生。舒雅去了苏州，留在他从小生活的地方等他，仿佛这样他就还在身边。然后，她在清晨的薄雾里等他，在黄昏的暮色里等他，在寂静无眠的深夜里等他。就像等待未知的戈多，就像这些年，她乐此不疲地在单曲循环一首老情歌。

一直到某个黄昏，这种带点儿浪漫主义色彩的等待，"砰"的一声，戛然而止。

Ken向舒雅坦白，他对那个每天和自己一起打工的女生，动了真心。听到这句话的时候，舒雅比想象中冷静。她在大哭一场后，对我说，这并不奇怪啊。这些年，我的白天穿过他的黑夜。日子最艰难的时候，我们除了一句苍白的"加油"，连一个拥抱都是奢侈。是琴瑟共鸣情投意合的真爱又怎样？浮在半空中，落不到穿衣吃饭的细节，也就失去了存活的土壤。

这样的理由，足够用来说服自己，可舒雅还是不可避免地受到了伤害。几乎是一夜之间，她所有的等待和坚持都失去了意义。很长一段时间里,她不能接受故事以这种方式作为结局。

直到后来,杨树在舒雅的人生里出场。

杨树不怎么会说甜言蜜语,他说得最多的是"我陪你"。当他们在这座城市一点点相爱的时候,连我都时常忍不住惊叹,哦,原来谈恋爱还可以是这样。因为杨树,舒雅逐渐认识到,好的爱情,应该是感冒时的那杯热水,是生气后还能拥抱,是日积月累之后的绵长情谊。我在他们的爱情里,看到陪伴的温情。

以前总听人说,我们要感谢那些伤害过自己的人,是他们让我们一夜长大。但在真正被伤害并懂得宽容后,才逐渐明白,能让我们成长的只有我们自己。而我们真正应该感谢和珍惜的,是陪伴在我们身边的人。

春天的时候,我去参加同事的婚礼。就是那个从不掩饰自己要嫁有钱人的可爱姑娘,最后让她决定执子之手,与子偕老的男人,既没有家财万贯,也没有风流倜傥,可她脸上的幸福,分明就是明晃得耀眼。

有人打趣她:"不嫁有钱人啦?"她笑着答:"人生那样漫长,如果不找到那个死心塌地愿意陪着你风雨同舟的人,又如何熬得过去?"我在她的幸福里,想起亦舒说的:有时间相互陪伴,彼此有情,这样才算嫁得好。

当世界一步步从华丽走向荒芜,有个人肯以爱情的名义陪在身边,你就不至于一无所有。

陪伴是长情的告白

2017年,我的朋友于果做了两件挺牛的大事。

一是用他工作五年的积蓄,加上父母的资助,在苏州买了一套小居室。二是趁着放假,他将父母从老家接到了苏州。他说:"我准备再过两年,等他们退休后,跟着我生活在苏州。"

我知道,于果做这个决定,并不是心血来潮,而是深思熟虑之后的结果。

年初的时候,于果的母亲生了一场病,在医院住了三个月。因为怕他担心,从头到尾,父母对他隐瞒得天衣无缝。当于果无意中得知这件事的时候,这个大男生忍不住躲进房间里哭了起来。那是他第一次深刻地感觉到,父母正在一点点变老。他说,那也是他第一次真正读懂龙应台的《目送》:"所谓父女母子一场,只不过意味着,你和他的缘分就是今生今世不断地在目送他的背影渐行渐远。"

大概是从那时开始,于果开始酝酿将父母接到身边。

对于在小镇生活了大半辈子的老人来说,突然去一座陌生的城市生活,无异于是要连根拔起。他并没有十足的信心去说服父母来到异乡。

可于果没想到,当他坐下来试着和父母讨论这个问题的时候,他们并没有犹豫太久,而是答应得干脆利落。当听到自己的父亲说"有儿子的地方,才是家"的时候,于果红了眼眶。

而我，也感动得不行。以前明明是父母在哪儿，家就在哪儿。可是有一天，突然就变成了我们在哪儿，父母就在哪儿。而儿女待的地方，不知不觉中就成了父母的第二个故乡。

就在前不久，我也把父母接到上海来住了一段时间。

要如何对你描述这段美好的时光呢？

我陪着父母逛上海的街。领着他们，就像小时候他们领着我一样。以前我总是嫌我妈唠叨，可现在唠叨个不停的那个人突然换成了我，我一遍遍地嘱咐"过马路要当心，别轻信陌生人，跟在我身后别走散。"我爸说："闺女长大了，真好。"我将手搭在他肩上，特别自豪地说："那是。"而我没说出口的是，能陪在你们身边，真好。

如果你也身在异乡，大概就能深刻理解到，每天下了班，能和父母围在饭桌前，看着电视，唠着家常，是有多幸福圆满。虽然偶有争吵，可那分明就是平淡生活里的小浪漫。

也因此，我一直觉得，陪伴是最长情的告白，应该说给世界上最柔软的亲情。

有人陪伴的岁月

写这些的时候，窗外是初秋的傍晚，一场秋雨过后，远处的天空，彩虹若隐若现。人生里每一个柔软的片刻，要有人和你共享，才更弥足珍贵。

也许有人说，我一个人也可以读书、看碟，一个人也能将日子过成绸缎，一个人也能自己陪伴自己。可成长的路上，一定要有另一个人陪你走过未知的坎坷，历经生活的周折，享受岁月的明朗，人生才算过得柔软。

在这个人面前，你不用山重水复，不用柳暗花明，不用阅尽人世，不用功成名就。你没有看尽世间的繁华也没关系，有人陪伴的岁月已经是最妥帖的良辰美景。

眼前的世界看起来可能有点儿粗糙，岁月也没那么温柔，当你在不断往前奔跑的时候，愿有人和你一起数晨昏，陪你走到青丝成白发；愿你即便强大到无须有人陪，却依然幸运到有人细水长流地陪在身边。

而有一天，当你越过高山，走到繁花深处，也别忘了那些陪伴过自己的人，他们是岁月留给你的最好的礼物。

能够认识你,是我赚到了

罗小美是我来魔都后,认识的第一个上海姑娘。

那时,我大学毕业已经两年。从小城的事业单位辞职,揣着一千块钱,来到流光溢彩的魔都。为什么是上海?因为它够大、够梦幻,够撑起我的梦想。站在淮海路的天空下,脚下生风地奔跑,岁月仿佛也跟着生出了温柔。

可是,很快我就感觉到自己的渺小,以及一个人在异乡的艰难。

我和罗小美是同一天去单位报到的。因为面试时有过一面之缘,在公司门口遇到她时,我笑着和她打招呼。却没想到罗小美面无表情地扫了我一眼,就径直从我面前走了过去。我脸上的笑容僵在那儿。对我没印象?可明明面试那天,我们打过照面。

后来,当我知道罗小美是本地人的时候,也就不觉得奇怪了。大都市长大的女孩子,天生有种优越感。反正惹不起,我躲得起。可要命的是，罗小美从上班第一天开始，就是我的直属上司。如果不是后来无意中看到她的身份证，我很难相信，罗小美已经30岁了。

30岁的罗小美，有时穿精致的裙装，有时是简单的白衣长裤，从穿着打扮上完全看不出她的实际年龄。她不只是简单的漂亮，还有一种骨子里的从容。作为小镇长大的姑娘，在罗小美面前，我是自卑的。

那点儿自卑，是中午吃饭时，她和其他人聊天随口冒出来的英文品牌，而我分不清说的是衣服，还是化妆品；那点儿自卑，是有天她将我叫到办公室，指着我身上有点儿土气的T恤和短裤，淡淡地说："以后别穿这种路边摊的衣服来上班了。"其实那天，我挺想朝她嚷的，我每个月的工资，扣去房租，又怎么可能买得起你身上的名牌？

但我终究什么也说不出口。

能说什么呢？大都市长大的罗小美，自然理解不了一个外地姑娘生存的艰难。眼前的城市很美好，我却有种将自己压扁了也挤不进去的绝望。

我与罗小美，以及这座城市之间，隔着千山万水。

我挺看不惯罗小美的。

在我的小城里，30岁的女人不结婚，还时不时说发嗲的话，估计早就被众人的唾沫星子给淹死了。有时看着罗小美对着一群小男生撒娇，我心里有说不出的别扭。

当然，这种看不惯的情绪里，或许还带着一点儿嫉妒。因为我埋头工作，勤勤勉勉地写方案，却比不上罗小美嗲声嗲气卖个萌的效果好。

从小生活在魔都的罗小美,深谙如何八面玲珑,而又恰到好处地讨人喜欢。就连"作"起来,也很有味道,不让人觉得唐突。

就说那次吧,我被安排负责一家大型食品公司的广告策划案。大boss(老板)对这个项目很重视,罗小美也和我反复强调,不能有闪失。所以我不敢有任何怠慢,每天留在办公室加班到深夜,甚至回到家,梦里我也还在想着,要怎样才能将方案做到尽善尽美。

可熬了大半个月,对方还是迟迟不肯签约,我有点儿泄气。后来只好罗小美亲自出马。酒桌上,她温婉得体,谈笑风生,将场面话说得倍儿好听。一顿饭吃完,人家老总第二天就爽快地签了字。

也就是说,这个项目,我前前后后,累死累活地忙活了大半个月,最后大boss将功劳全都记在了罗小美的头上。她只不过是那么温柔地一笑,就将我的劳苦毫无保留地抹掉了。

我觉得满心委屈。

罗小美大概看出了我的小情绪,中午去食堂吃饭的时候,她坐到我面前,莫名地冒出来一句:"怎么啦,不服气?"

她问得这般直接,我有点儿手足无措。

罗小美随即淡淡地说:"妞,你要记住,老板看重的永远是结果。有时候,光埋头苦干是没有用的,偶尔发挥一下女性的优势,也没什么不好,不是吗?"

然后,她又补充了一句:"还有,其实你很优秀,自信一点儿。"

我愣在那儿,半天回不过神来。

在这之前,我看不惯罗小美,嫉妒她轻而易举得到的东西,我却要付出几倍的努力。而且我猜,罗小美也有点儿瞧不起我。我有点儿土气,我不懂变通,我将自己关在自己的小世界。

但也许,我误会她了。并不是罗小美瞧不起我,而是我自己,总是在她面前,表现得又自卑又敏感。其实罗小美说得对,老板要的,永远是结果。如果我在和对方谈判的过程中,能够像罗小美那样,自信点儿,态度柔软点儿,也许最后不用她亲自出马,我就能顺利签了单。

她给过我机会,是我没抓住。

我对罗小美的印象渐渐有了改观。甚至在她的影响下,我也开始化精致的妆,穿得体的衣服,一点点让自己变得自信些,从容些。

可我没想到有一天,一向以柔软示人的罗小美会为了我,和大boss吵架。

那时,我已经跟着罗小美混了两年。因为我够努力,原本老板要将我升为策划部主管,却没想到,后来又临时变了卦。因为老板有个亲戚的女儿加入了公司,直接代替了我的位置。

罗小美知道后,很生气。她在boss的办公室里,说话的声音有点儿大:"您不觉得这样对徐娅来说不公平吗?如果您坚持滥用职权,我觉得我也没必要在这里待下去了。"

"罗小美,你以为你是谁呀?公司少了你,照样转。"boss的声音,高出三倍。

可这话刚说完,他又马上转变了态度。谁都知道,罗小美是他高薪挖过来的总监,少了她,是公司巨大的损失。

因为罗小美,最后老板亲戚的女儿从最基层做起,我顺利升了职。

其实很长一段时间里,我不太明白,罗小美为我去和老板据理力争的原因。尽管那时,我和她,已经共事了两年。但我们的感情并没有深厚到值得她冒着丢工作的风险为我去讨公平。后来我就这个问题去问她的时候,她淡淡地说:"和你没关系,我只是看不惯老板公私不分而已。"

我知道,她这样说,是不想让我欠她人情。而大概是那天之后,罗小美在我心里,不仅是上司,还是朋友。

有天晚上,我在酒吧喝得大醉。服务员让我找个朋友来接我时,我下意识地报出来的名字,是罗小美。说不清为什么第一个想到的是罗小美,潜意识里我觉得这座城市,找不到比她更合适的人。

罗小美将我送回出租屋后,我又哭又闹地说了很多。我一直没有告诉任何人,在北方小城,尚且有个很爱我的男生等我回去。那天晚上,他在电话里问我:"徐娅,家里这边催得紧,我明天要去相亲了,你愿意回来吗?"

我觉得自己挺失败的。像片浮萍般漂浮在这座城市,银行卡里没有存款,而我就要失去那个爱我的男生了。可我还回得去吗?

罗小美试图安慰我,我一遍遍地朝她嚷:"你永远也不会懂外地女孩的辛苦。"后来她不再说话,给我泡了蜂蜜水,将我安顿好才离开。

第二天看到罗小美，我有点儿难为情。

中午吃饭的时候，罗小美坐到我身边，轻声说："我知道你一个外地女孩不容易，但你觉得我就容易了吗？我到现在，还和我爸妈挤在20平方米的弄堂里。这座城市多现实呀，男方恨不得女方自带房子出嫁呢。你看我都32岁了，还没找到一个合适的男人来娶我。我只是想在这样的现实里，再奢求一点儿爱，可为什么就那么难呢？"

我看着坐在对面的罗小美，有点儿心疼。

原来这个世界上，每个人心里都有那么一点儿苦，上海姑娘罗小美，也没想象中风光。

喝完最后一口汤，罗小美说："拥有真爱多不容易啊，如果你后悔了，就赶紧回去，这并不丢脸。"我犹豫不决的心，在她的这句话里，突然就安定下来了。

我离开魔都的时候，罗小美也开始积极相亲了。

是在2016年春天，我和罗小美先后大婚。说起来很奇怪，有些曾经非常要好的朋友，都没能来参加婚礼。但我和罗小美，却不远千里，携着自己的伴侣，去给对方当面道喜。

向亲戚朋友们介绍罗小美的时候，我特别自豪地说："喏，我曾经的小上司，上海姑娘哦，漂亮吧？"在一片恭维声里，罗小美笑得很得意，而她身边的那个男人，对她一脸的宠溺。

后来的这些年，"罗小美"三个字，一直存在于我好友名单的第一位，而我的微信星标朋友、我的微博特别关注里也都有她。曾经有人问我:"为什么你们一直没有走散?"我想了想,回道:"可能因为这些年,我和罗小美一直在共同成长。"

她在大上海努力活得精彩,我也在我的小城里努力成为一道风景。我们很少见面,也很少寒暄,但这种心灵上的相互陪伴,让我们即便隔着山水,也能游刃有余地维系一段友情。

也许这个世界上,有的人陪伴你的是时间,而有的人陪伴你的是心灵。我和罗小美差了五岁,我们成长环境不同,我们性格迥异,但也许正是这些不同,让我们更加懂得惺惺相惜。

我时常觉得,能够认识上海姑娘罗小美,是我赚到了。所以罗小美,很高兴认识你。

旧时光里那两个自卑的女孩

谁先说了喜欢

17岁那年,我和李莎都是被这个世界遗忘的孩子。相貌平平,成绩平平。

我俩站一块儿,一眼看上去有些滑稽。李莎人高马大,体重是她的硬伤;我和她相反,瘦弱得一阵风就能将我吹跑。都说长得好看的人才有青春,我和李莎的青春寡淡得如同白开水,让人提不起精神。

因有着相同的平凡,成为同桌的第一天,我和李莎就心照不宣地将对方纳入闺蜜行列。尽管除了孤独,除了自卑,我俩是如此不同。

我是安静的,李莎是张扬的。我喜欢什么,放在心里;而李莎喜欢什么,就干脆明了地说出来。这样的不同,让我无论如何也不会想到,有一天,我们会喜欢上同一个少年。

转校生葛小布，站在十月柔软的阳光里，让我忍不住瞪大了眼睛。怎么可以有那么好看的男生呢？睫毛长长，眉眼弯弯，笑容明亮美好得如同海棠开在春天。

同时，也开进了我的心里。

这个少年，仿佛从头到脚，都闪闪发着光。他一来，就抢走了班长多年雷打不动的第一名。所以，在我见到他的那天起，就注定站在一个仰望的位置。我不漂亮、不优秀，我的喜欢，显得那样不自量力。

只是，喜欢就是喜欢了，要怎样才能喊停？

那段时间，心底有藏着一个秘密的感觉，又欢喜又忧愁。可不记得从哪一天开始，"葛小布"三个字总是随时从李莎的嘴里蹦出来。

"葛小布长得真帅啊""葛小布居然读书也这么好""葛小布……"

李莎一边念叨这些，一边迅速将减肥这件事提上了日程。那个黄昏，当我们绕着操场，跑完一圈又一圈之后，李莎突然停下来，像是宣布一个重大决定："唐晚，我最近好像喜欢上了一个男生。"

我还没来得及说话，李莎叹了口气，接着说："怎么办啊，我居然喜欢上葛小布了。我真是做白日梦，他那么优秀，怎么会喜欢我呢？"

很多时候，我和李莎在一起，都是她滔滔不绝地在说，我安静地听。但这次，听她说完这些，我心里的某个角落，有微微的疼。

李莎看起来大大咧咧，怎么会喜欢那样安静的葛小布呢？

但青春年少的时光里，喜欢这件事，仿佛谁先说，谁就拥有了所有权。那个黄昏，在我和李莎之间，葛小布被打上了属于她的标签。

从此，就算我再喜欢这个男生，也只能藏在心底。

狗头军师

原本我以为，按照李莎的性格，她会大大方方地去告诉葛小布她喜欢他这件事。但显然，当她真正喜欢上一个人的时候，也同样会变得胆怯，变得不知所措。

何况，对于身高一米七的李莎来说，150斤的体重，是她挥之不去的阴影。若她就这样去表白，成功的概率几乎为零。

没人敢拿鸡蛋去砸石头，我不敢，李莎也一样。

于是，高二这一年，我充当了李莎的"狗头军师"。我俩一起为葛小布做过很多现在看来很傻的事情。比如，将学校橱窗里葛小布的照片撕下来，拿去照相馆冲洗，再偷偷贴回去；比如，放学的时候，两人骑车悄悄跟在葛小布身后，看着那个明朗青涩的少年穿过一条条街，目送他消失在黄昏的暮色里；再比如，给他的每一条微博留言，为了不被他发现，不得不经常更换账号……

我借着李莎的名义，远远地暗恋着葛小布。李莎不知道，我有多羡慕她。至少在我面前，她可以光明正大地喜欢葛小布，而我所有的心动与心悸，都只能藏在心里，无人可以诉说。所以，某些时候，我是嫉妒李莎的。

有次班上组织踏青活动，我和李莎很巧合地与葛小布分在了同一个小组。知道这事后，李莎恨不得连面部表情都要找我提前练习。喜欢一个人，才会这样地费尽苦心。

那时，李莎已经成功减肥8公斤。虽然她还是个胖姑娘，但已经好看了很多。那种因为喜欢一个人，而散发出来的光芒，深深地感染着我。有时，我忍不住会想，凭什么因为李莎，我就要将自己喜欢的少年拱手相让？

有了这样的念头后，再陪李莎逛街，我就有了小心眼。明明那双鞋又老又土，我却附和着营业员，说着违心的赞美话。但是怎么办呢？喜欢一个人，就不由自主有了这样的小邪恶。

尽管细心准备，活动那天，葛小布的眼神，并没有在我和李莎身上有多一秒钟的停留。能和葛小布分在一组是幸运，但不幸的是，和我们分在一起的，还有漂亮温柔的班花。所以简直倒霉透了。所有男生的目光都在班花那儿，葛小布也不例外。

甚至，这么久了，葛小布都还叫不出我和李莎的名字。

事实，真让人沮丧。

公平竞争

李莎沉浸在这种悲伤里还没缓过神来，有一天，她却无意中发现了我的秘密。

那个周末，李莎如往常一样，来家里玩。我们躲在卧室说悄悄话，话题自然离不开葛小布。说着说着，她突然表情严肃，一脸认真地说："唐晚，我觉得除了变好看，我还得想办法。比如，在某方面有所突破，这样才能引起葛小布的注意。"

我一边听她说，一边去厨房冰箱里给她倒柠檬汁。回来的时候，却看到李莎惊慌失措的表情，而她的手上，一张A4纸上，写满了"葛小布"三个字。

"你不会也喜欢葛小布吧？"李莎吃惊地问我。我一下子不知道说什么好，任何解释在那一刻，都显得画蛇添足。

沉默了三分钟之后，李莎喃喃地说："我真没想到会是这样……"

"对不起，李莎。你知道的，喜欢这件事，并不会因为先来后到，就可以不再喜欢。"

"唐晚，我们还是友好地公平竞争吧。喜欢对于任何人来说，都是公平的。"

……

于是，那个午后原本只是为李莎一个人的爱情出谋划策，后来就变成了我和李莎两人的同谋会。我俩的目标只有一个，那就是少年葛小布。

李莎说，我们要替对方找到闪光点，然后将闪光点发扬光大，这样才能引起葛小布的注意。但是很可惜，我们琢磨了一下午，也没找出彼此身上有任何值得骄傲的特长。

这是个让人绝望的事实。

不过，从这之后，我和李莎因为藏着相同的秘密，关系比之前更要好了。

有一天，我在课堂上看小说，不小心睡着了。醒来时，李莎手里的草稿纸上，画了一幅我的素描。那幅画，分明将我睡着的样子勾勒得出神入化。

是啊，我怎么没想到呢？李莎完全可以学画画啊，她画的东西一直都很有感觉。学画画，然后考美院，这样的未来，看起来也不错。

将这样的想法和李莎一说，她带着不确定的语气问我："我真的可以吗？"

"绝对可以。"我很认真地点头，像是给她也像是给我自己信心。

你曾让我们找到翅膀

那时，距离高考还剩一年的时间。

李莎开始关注起艺考的信息，我在她的鼓励下，开始尝试给杂志投稿，也开始认真学习。我们怀揣着不同的人生目标，一步步地努力。看不到希望的时候，只要看一眼坐在前排、散发着耀眼光芒的葛小布，瞬间就有了无穷的动力。

在读书这件事上，努力永远都不会错。不久，我的作文被老师当成范文在班上朗读。而李莎说服了父母，转去了艺术班，还在全市绘画比赛中获了奖。

我俩都越来越忙,很少有时间聊到葛小布。但他一直在那里,光芒万丈,给了我和李莎积极向上的力量。

高考后,李莎如愿考上了艺术院校,我的分数也够普通二本。这些对于一年前的我们来说,完全是不可思议的事情,但因为葛小布,我们做到了。

比起光荣榜第一名的葛小布,我和李莎还是没有优秀到足以和他相匹配。但到了后来,好像这些都已经不那么重要了。重要的是,我们都在因为这个男生而变得越来越好。

拿到录取通知书时,我问李莎:"要去表白吗?"

她犹疑了下,然后笑容璀璨地说:"还是不要了吧。现在想想,我们并非有多喜欢这个男生,我们迷恋的,是他身上的光芒。他一定不知道,有两个女孩因为他,几乎改变了整个人生轨迹。"

是啊,经过这一年的努力,我和李莎都变成了自信满满的姑娘。是这个叫葛小布的少年,丰富了我们的成长。也许葛小布永远都不会知道,前进的路上,他曾让两个平凡到有些自卑的女孩找到了飞翔的翅膀。

到了后来,喜欢他这件事,已经无关爱情。

她一直在远处，照亮我的路途

姜荷是我小姑。

1988年春天的一个傍晚，10岁的姜荷一个人坐在小城的街心公园，眼泪掉个不停。这一天，她的嫂子也就是我妈，生下了我。家里所有人的心思全都集中在了新出生的小生命上，没人注意到心情失落的姜荷从医院偷偷溜了出来。她在公园的长椅上，一直坐到暮色时分，也没人来找她。后来，她只好一个人回了家。

这个场景，姜荷描述过无数次。每次她都说得咬牙切齿。总之我的到来，让她的家庭地位一下子由集万千宠爱于一身的小妞，变成了无人问津的大姐。

我和姜荷隔了一辈，但我们只相差十岁。

从我记事起，姜荷就是那种品学兼优的好学生。她每天回到家，就将自己关进房间温书。很多年后，被问起为什么这么拼命时，姜荷说：

"这是和你争宠的唯一方式啊。"

对于那时的姜荷来说,最开心的事,莫过于每次从学校拿回成绩单,所有人都将她夸成一朵花。而我听得最多的,无非就是那句"姜诗雅,长大了要向小姑学习哦"。类似的话听得多了,我忍不住就在心里不屑地撇撇嘴,才不要做书呆子呢。

因为玩性大,我的学习成绩有些跟不上。18岁的姜荷一结束高考,就接到大家给她安排的任务,要将我,她的小侄女拉回读书这条康庄大道。我以为姜荷要不就是对我苦口婆心相劝,要不就是将我关进书房里进行魔鬼训练。却没想到她只是很不屑地说了句:"姜诗雅,你自己看着办吧,我才懒得管你这种扶不起来的阿斗呢。"

她的语气真够难听,我一下子就被伤到了。

而不久后,姜荷接到北京大学的录取通知书,她一下子成了家喻户晓的大红人。这次可不仅是家人和亲朋好友对姜荷赞不绝口,我走在街上都有人跑上来打听姜荷:"你小姑好厉害,她平时都买些什么辅导书啊?"

姜荷非常成功地将大家的注意力转移到了她的身上,她优秀得让我有点儿自惭形秽。家里的人就算再宠我这个小妞,也没办法阻挡她的光芒。

我心底的那点儿凌云壮志,就在这个过程中被唤醒了。爸妈费尽心思想让我"改邪归正",全都不管用。而姜荷没费什么劲,我就下意识地想要摈弃之前那个懒惰的自己,向她看齐。

可2006年,18岁的我,并没有延续姜荷的辉煌。

这一年,我以一分之差与姜荷的大学擦肩而过。在得知这个消息的时候，整个天空都黯淡了下来。这些年，我一直在暗暗较劲，要让自己和姜荷一样优秀。可在最后一步，我还是输给了她。

而28岁的姜荷，已经是小城的一个神话。毕业后，她以出色的成绩留在京城的外企。每年春节，是属于她的节日。所有人都围着她问东问西，好像大城市的月亮比小城市的圆。

唯独我，站在远处，不肯和她亲近。有个优秀的小姑，原本是件多骄傲的事啊，可我真是个记仇的人，我讨厌她当年说"扶不起的阿斗"时，那副不屑的样子。就像她曾经讨厌我抢了她在这个家里很多很多的爱。

我们很难亲近起来。

所以，当姜荷在电话那头说："姜诗雅，听说你败北啦？天天在家闹情绪算怎么回事，来北京吧，小姑带你玩。"我没好气地回她："有你这么幸灾乐祸的吗？我告诉你，将来我一定比你有出息。"说完，我就挂了电话。

可那个暑假，我还是去了北京。姜荷说："姜诗雅，其实你真该来北京看看，你小姑的生活远没有你想象的风光。"因为她的这句话，我去了北京。我很难想象，也很好奇，不风光的姜荷会是什么样。

到了北京，我才知道姜荷刚刚失了恋。故事听起来有些俗套，她的男友，在两人准备谈婚论嫁之时，因为家人的反对而临阵逃脱了。28岁的姜荷，就这样猝不及防地成了大龄剩女。

是挺失败的，我在心里暗暗地想。

姜荷租的房子，位于四环以外，每天需要倒两班地铁去上班。我坐在她那三十平方米的出租屋里,不解地问她:"你都拿年薪的人了,何必省成这样?"

姜荷想了想,回我:"其实我还没来得及告诉你,下个月,我准备回小城了。姜诗雅,你不必沿着我的路来走,就像我也没必要沿着大家期望的那条路来走一样。这些年,我无数次想离开,却总是担心会让你们失望。现在想来,跟随自己的心来走,才是最重要的。"

我在她的这番话里,想起我自己。其实我并非多想去北京,我只是觉得姜荷能去的地方,我也一定能去。所以从北京回来后,我放弃了复读。录取我的那所大学,虽然不是名校,可那里有我最爱的专业。很多人替我感到可惜,就像很多人也为姜荷回到小城感到可惜一样。这是第一次,我和姜荷达成前所未有的默契。

回到小城的姜荷,一切归零,重新出发,她不再是小城的神话。再有人说起她的时候,就变成了"在北京混不下去,跑回来了"。各种议论声有点儿难听,但她不为所动,认真工作,认真相亲,一点点适应小城的生活。

而我在南方的大学里,读着自己喜欢的专业,一点点接近自己喜欢的样子。我和姜荷的联系越来越频繁,这让我有种错觉,好像我们在时间的长河里,自动达成和解。

十年后的2016年,姜荷38岁。

她在小城的生活,过得简单而舒适。有个8岁的女儿,有个爱她的老公,还有一份游刃有余的工作。偶尔我会问她:"不会觉得遗憾吗?小城没有二十四小时便利店,没有精致的咖啡馆,甚至买个蛋糕,也找不到85度C。"姜荷回我："可小城有实实在在的生活呀。"

我在她云淡风轻的答案里，相信现在的她，是真的过得幸福。

可这一年，28岁的我，看起来比当年的她还要糟糕很多。我跟着相恋多年的男友回了他家所在的城市，可他却在一次聚会上，和高中时的初恋重拾了旧情。他对我说了无数"对不起"，请求我的原谅。原谅？这简直像个笑话，我发誓要和他死磕到底。

那段时间，我无心工作，整天郁郁寡欢。姜荷知道后，跑来找我。她没有骂我，也没有苦口婆心劝我离开不该爱的男人。她只是说："姜诗雅，你现在的样子可真难看。不行的话，也学学我呗，推翻重来并不是那么难的一件事。"

我在她恬淡的笑容里，找到了离开的勇气。我并没有多爱那个男人，我只是心疼那个跋山涉水去爱一个人的自己。是姜荷让我明白，我在这个点上止损，才是明智之举。所以我并不是心灰意冷地离开，而是离开后，我可以有更加繁华似锦的生活。

回到小城的我，并没有姜荷那么淡定。相反，我有些着急。特别是在见过一个又一个相亲对象后，我开始患得患失地怀疑，自己这辈子是不是很难再有幸福的机会了。

姜荷看在眼里，笑嘻嘻地打趣我："哎哟，妞，满脸写着恨嫁呢，愁眉苦脸的样子真不好看。来来来，咱放松放松，别把良人给吓跑了。"我在她那夸张的表情里，"扑哧"一声笑了出来。姜荷说得对，良人急不来。在良人到来之前，不如开开心心地过日子。

而这之后，我和姜荷也越发亲密。

2017年，我在小城安定下来。

只不过就一年的时间，我好像换了一种生活。有个谈得来的男友，一份还算满意的工作。在这之外，还能悠闲地看看书，研究研究股票。

姜荷说得对，推翻重来并没有想象中那么难。再过十年，也许我也会像姜荷一样，有个可爱的孩子和温暖的家，从容不迫地在小城过着简单的生活。

有时回过头来看，我好像在重复姜荷的人生轨迹，在沿着她的人生道路亦步亦趋，实际上她从来没有在我成长的路上指手画脚，也从来没有告诉我，应该怎样，不应该怎样，而是润物细无声地对我言传身教，在不知不觉中，教会我很多人生的道理。

当我站在十字路口迷茫不知所措时，是她让我明白自己到底想要前往哪个方向。在我想不明白各种问题时，被她轻描淡写一说，瞬间就豁然开朗。

对于每一个女孩来说，在成长的途中，如果刚好有个年长自己的女孩指引着自己往前走，那真是一种幸运。这个人可能是姐姐、是朋友，而对于我，这个人是我的小姑，姜荷。

我从来没有对姜荷说过谢谢，甚至大部分时候，我都不叫她"小姑"，而是直接喊她"姜荷"。我妈说我没大没小，可姜荷在我心里，不仅仅是长辈，她是我放在心上的朋友，也是可以倾诉衷肠的闺蜜。

她就像我人生道路上的灯塔。一直在远处，照亮我的旅途。

善待自己，才是珍爱父母

堂姐结婚那天，哭成了个泪人儿。

这其中，有对父母的不舍，还有对父母的担忧。堂姐嫁得有点儿远，即便是交通便利的年代，回趟家也得在路上折腾一天一夜。

堂姐是独生女，这往后父母生个病什么的，身边没个人可怎么办？

夜深人静的夜晚，堂姐有过挣扎和犹豫，而我的大伯和大伯母在最初的时候，也是态度坚决地摇头：这么远，不能嫁！

可看着堂姐明明割舍不掉这段感情，还在他们面前强颜欢笑，大伯到底还是同意了婚事。

那时我还在上高中，受堂姐之托，我成了"情报员"，随时和她汇报大伯和大伯母的近况。很多次，堂姐都在电话那头哭着说："真是后悔嫁那么远啊，二老对我总是报喜不报忧。你知道吗？我时常担忧得睡不着。"

其实堂姐的婚姻很幸福,但因为对父母的那点儿亏欠,这份幸福总觉得像是少了点儿什么。

有次我和大伯闲聊,忍不住说起堂姐内心对他们的愧疚,大伯叹了口气,说:"这个傻丫头,她难道不知道,只要她过得好,比什么都强。如果现在她留在我们身边,却过得不幸福,又有什么意义呢?"

我在这番话里愣住了。

大伯的话,让我想到我表哥。

前几天刷朋友圈,看到表哥大半夜发了条动态说"难道我真的错了?"我心里一惊。发微信过去问情况,过了很久,他才短短回了句"想离婚"。我一时不知道怎么安慰他。

表哥的事,我是知道一些的。

当年他念完大学,留在南京。在那座城市,有前途光明的工作,还有一份两情相悦的爱情,一切看起来都很美好。

可有天,姑姑突然查出胃癌。手术还算顺利,但之后需要好好休养,而姑父的身体也不太好。表哥从小就很孝顺。记得有次我去姑姑家玩,在表哥的房间里,无意间看到他在作文里写的一段话:我一定要努力给父母最好的生活。那时的表哥,不过十三岁,和同龄人比起来,却多了一份难得的懂事和成熟。

这次姑姑生病,表哥很自责,觉得是自己没有照顾好老人。所以他二话不说就离开南京回了老家,也和心爱的女友分了手。然后,在小城找了份工作,不久后娶了表嫂。

为了照顾父母，不论是工作，还是婚姻，表哥都选择了将就。但好像是从那时开始，我每次回家，看到的表哥不是眉头紧锁，就是唉声叹气。选择将就的后果是，事业不顺心，婚姻也成了鸡肋。

表哥过得不快乐，姑姑既心疼又心急。她还常常自责，要不是因为她，表哥也不会变成现在这样。一眼看上去，表哥很伟大。为了父母，他牺牲了工作和爱情。只是很多年后，我才意识到，表哥孝顺的方式，好像出了差错。

这些年，他自己的日子都过不好，姑姑和姑父又何谈幸福？

其实很长一段时间里，我也有过同样的焦虑。

刚大学毕业那会儿，有次放假回家，一大早，我爸拉着我去街上买早点。他骑自行车，我坐后座，像小时候他带着我一样。但又有点儿不一样，因为我爸明显老了，他的步伐没那么矫健，他也开始有了白发。那一刻，我的鼻子突然有点儿发酸。

再想到我妈，一到下雨天，就腰酸背痛，身体大不如前。我突然就有些害怕自己还没来得及攒够钱带他们去看更大的世界，他们就老了。

我很着急，于是急吼吼地想要升职加薪，想要赚更多的钱，尽快给父母更好的生活。但越是焦虑，越是恶性循环，工作跟着频频出错，生活也被我弄得一团糟。

我过得并不快乐。

有次在电话里，我爸听出我声音的不对劲。他追问原因，我只好说了实情。我爸听完，笑着说："丫头，你能这样想着我和你妈，我真的很感动。但是你知道对我们来说,最好的礼物是什么吗?那就是你在外面过得好。你过得好,这比什么都重要。"

我突然不知道说什么好,挂掉电话的那一刻,眼圈红红的。

而我也慢慢明白,对亲人来说,我们把自己的生活收拾好了,让家里放心,就是送给他们的最拉风的礼物。

可能很多人,在理解孝心这件事上,都出现了那么一点儿偏差。

我们恨不能一夜之间,让父母过上最好的生活。带他们周游世界,给他们住最好的房子,让他们过上无忧无虑的晚年生活。

因为这个看起来崇高而又神圣的理想,我们变得很焦虑。甚至有些人还和我表哥一样,为了父母牺牲掉自己的工作和爱情,只为了陪在父母身边。可是,如果这样的焦虑和牺牲,带来的是你把自己的人生过得一团糟,父母又何谈幸福呢?

其实对父母来说,你善待自己,才是珍爱他们。你不跟自己较劲,竭尽所能把自己的日子过得热气腾腾,让他们看到你的幸福,或许才是最好的尽孝方式。

给最亲的人一份细水长流的温情

我的朋友何静是一家五星级酒店的大堂经理,有天下班,我约她逛街。碰巧她遇到客户纠纷,我坐在大堂等她。

作为酒店管理人员,客人投诉是常有的事。可即便被骂得一肚子委屈,何静好像都有办法让自己永远保持微笑的状态。这点,我一直都很佩服她。有次我揶揄她说:"你一天到晚笑成一朵花,就不觉得累?"她笑着答:"这是职业操守,你不懂了吧?"

那天,等何静处理好事情,我们一同走出酒店时,正好她妈妈的电话打了进来。还没说两句,就听到她不耐烦地说:"知道了,知道了,你能不能别整天跟我提相亲的事。挂了。"切换得有点儿快,我有点儿适应不过来。于是说:"欸,你是跟你妈妈说话吗?就不能态度好点儿?"

"啊?我态度不好吗?习惯了。"

一句"习惯了",让我愣住了。认真想想,其实我对我爸妈,不也是这副德行?

前段时间,我爸被人骗了。说起来,责任在我。那天上午,我正在绞尽脑汁地改方案,突然接到我爸的电话。说在街上碰到义诊,查出他血压不好,对方建议买个血压仪。

他拿不定主意,就来问我的意见。我一听,不耐烦地说:"我正忙着呢,晚点儿打给你。"我爸赶紧说:"哦,我……那挂了,你先忙吧。"

忙到后来,早忘了这茬事。直到周末去我爸妈家,一看,沙发上还真多了个血压仪。但怎么看,都觉得不对劲。上网一查,原来这个所谓的义诊,只不过是一群骗子的小把戏,我爸被骗走了五千块。

我气不打一处来:"你这么大年纪的人了,连骗子都分不清吗?真是服了你。这下好了,花了一笔冤枉钱,这东西官网上才卖几百块钱。"

我爸像个做了错事的小孩儿,坐在那儿一言不发。而我只顾着生气,并没有注意到他眼神里的失落。事后回想起来,如果我爸给我打电话时,我多一点儿耐心,也就不会发生这样的事了。

很多时候,我们都不自觉地把最好、最有耐心的一面给了陌生人,却把最差的给了自己最亲的人。

亦舒曾经说过,"人们日常所犯的最大错误,是对陌生人太客气,而对亲密的人太苛刻,把这个坏习惯改过来,就天下太平了。"

不由得惊叹,"师太"的精明和通透。

有时也会想，到底为什么我们会把最差的自己，不由自主地留给了最亲的人？明明在心里，那是我们在这个世界上最柔软的地方。

我的闺蜜李小姐，在回答这个问题时，耸耸肩说："就因为你是最亲的人啊。"

可不是嘛。设想一下，如果亲人之间也像陌生人那样和气生财，这个世界会怎样？正是因为你是我心底认定的那个最亲的人，所以我才愿意在你面前暴露最糟糕的自己。

我没那么懂事，没那么宽容，也没那么知书达理，人前风光无限背后无限心酸，那个有点儿不堪的自己，我只想留给你。

可这样，又多不公平啊。

回到家，我们当然要随心所欲，放松自己。但如果一味任由坏情绪蔓延，那对这个家里的其他成员来说，你可能就成了一种负担。

作为家人，永远会包容你、温暖你。但过度地恃宠而骄，可能就会伤害最亲的人。既然是最亲的人，我们应该给彼此带去快乐、开心，以及幸福，而不是坏情绪和满满的负能量。

也许下一次，在打开家门之前，我们应该对自己轻轻地说一声"欢迎回家"。用这样的心理暗示，释放掉糟糕的情绪，不让工作影响生活。

回到家，放下包袱，卸下面具，做最真实的自己。但也别忘了给家人一个微笑，一个拥抱，一点儿耐心，以及一份细水长流的温情。

让父母做自己喜欢的事儿

我是费了很大劲,才成功说服我爸妈来上海的。

尤其是我爸。他这人勤勤恳恳了一辈子,性格有点儿倔,不喜改变。18岁的时候,我爸就开始当学徒,跟着师父做泥瓦匠,给人盖房子。这工作,一做就做了三四十年。

这是我爸的事业。他靠着这门手艺发家致富,供我上学,甚至我结婚买房子的时候,他也毫不吝啬地出钱出力。

在小镇,我家算得上富裕人家。但所有人都知道,我爸挣的每一分钱都是用汗水换来的。他是包工头,本来只用指挥别人干活就好了,可他每天和工人们一起早出晚归。每项工程都保质保量,很有口碑,所以生意不断。

可与此同时,我爸的一双手因为常年接触水泥而得了湿疹。医生说,以后只有远离水泥,才能根治。我心疼他,一直想着有天将他和我妈接到身边。在上海安定下来后，我去找他们商量这事。我妈听完后，说："我们过去多给你添麻烦呀。而且我敢肯定，你爸绝对不会去的，你就别白费力气了。"

我妈说得没错。我爸听完后的第一反应是："开什么玩笑？我在家过得好好的，为什么要去大上海和你们挤一起？"

我动之以情晓之以理："爸，你看啊，我从上初中就开始住校，工作后更是一年回不了几次家，和你们待一起的时间少之又少。但住一起就不一样了。而且，你和我妈就我一个孩子，等你们年纪大了，隔那么远我怎么放心，早点儿过去容易适应……"

很遗憾，我把道理说了一箩筐，我爸还是把头摇得像拨浪鼓。

直到，婆婆身体出状况要回老家休息，两岁的小宝没人带，只能我妈来带。可如果我妈来上海，她又对我爸一万个不放心。因为这些年，我爸除了在造房子这件事上很在行，家务活简直一窍不通。有几次，我妈不在家，我爸天天吃泡面。

怎么办？我爸一再表示他可以学做饭，但我妈坚决表示不相信他。我爸脾气是倔，但有时他又有点儿拿我妈没办法。而我也一再跟他承诺，来上海后，会尽快帮他找工作，绝不让他闲着。

于是我爸一狠心，终于决定离开生活了大半辈子的小镇，坐上了来上海的火车。

那天，二老抵达上海时，已是黄昏时分。

吃完晚饭后，我刚准备拿衣服让他们洗个热水澡，但我爸说："洗什么呀,找工作最要紧。我刚看到楼下好像有职业中介所,走,带我去看看。"

我一听,急了:"爸,您和我妈坐了一天的车,先休息下。明天再去也不迟。"

赵远也在身边附和,但我爸坚持要先去找工作,我妈说:"算了,你随他。今晚要不去,估计他连觉都睡不好。"

没办法,我和赵远只好陪着老头儿去劳务介绍所。工作人员简单问了下我爸的情况后,推荐了医院保洁、小区保安类的工作,但我爸一听工资,立马摇头说:"我在家一天赚五六百呢,你给我三千块钱一个月,开什么玩笑?"

工作人员一听,怼了句:"那您还来这儿打工干吗,在家赚大钱就是了。"

我爸一听,火气上来了:"你这小伙子,怎么说话的……"

眼看就要吵起来,我和赵远赶紧拉着我爸出来。出来后,我开始给我爸讲道理:"爸,虽然一个月才三千块,但这些工作比你在家要轻松好几倍啊。"

我爸将脸一横:"谁要轻松啦?你记着,只要工资高,多累的活,你爸都愿意干。"

我爸不服老,但他都56岁了,除了造房子,又没点儿其他技能,哪来的高工资?所以我爸的工作找得非常不顺利。

于是那段时间,家里也不安宁。我爸比小宝还让人烦心,天天吵着要回家。我渐渐有些不耐烦了，朝他嚷："我又不是养不起你和我妈，你干吗还老是想着赚钱，就不能享享清福吗？"

我爸没好气地答："我身体好好的，干吗要你养？"

就这样在家待着也不是办法，一个月能挣三千是三千。我爸做出妥协，去地铁做保洁。第一天下班回来，我爸就黑着一张脸。我妈说："肯定是挨批了，你爸除了会造房子，其他的事情都笨手笨脚的。再说了，他在家都是指挥别人，哪受得了别人来说他。"

我以为我爸会放弃。但黑了几次脸后，他居然坚持了下来。

而有一天，我爸下班回来后，看起来特别高兴。他说："我又找了份活，以后每个月能赚五六千了。"一问，才知道我爸要去上夜班。

也就是说，白天他在地铁当保洁，晚上再加个班。两份收入加起来，差不多有六千块。问题是，这样身体吃得消吗？我爸信誓旦旦地说："晚上的活很轻松，一点儿都不累，放心吧。"

于是我爸每天五六点到家后，吃个饭，睡个觉，十点再去地铁上两小时夜班，然后继续在地铁里睡觉。夏天还好，大冬天还得从被窝里爬起来，多折腾啊。

我很心疼。何况，熬夜对身体也不好。为这事，我和我爸吵了无数次。我的理由是，家里并不缺这两三千块钱，何必为了这点儿钱来消耗身体？

但我爸的倔劲上来，九头牛也拉不回。

我妈说："你爸能来上海已经很不错了。还想阻拦他赚钱？你别白费劲了。"

有天,在办公室里说起这件事。我们部门领导听到后说:"不说你爸,我爸七八十岁的人了,还一天到晚想着赚钱呢。现在还每天摆地摊,给人修鞋。"

我一听,有些吃惊。按照他家条件,哪需要老人在街头风吹日晒的挣这点儿小钱?

领导笑着说:"以前我跟你一样,天天跟我爸吵。吵得最厉害的一次,我甚至将我爸的那些行当扔进了垃圾桶。我爸确实消停了一段时间,但我发现,他好像越来越沉默,也越来越孤单。是在那样的时刻,我突然慢慢意识到,也许自己错了。真正的孝顺父母,难道不应该是随他们自己,做他们喜欢的事吗?"

我在这番话里,愣住了。对于我爸他们那个年代的人来说,习惯了勤勤恳恳地工作,认认真真地赚钱。赚钱这件事,让他们有安全感。孩子再有钱,那都是孩子挣的。孩子再有出息,他们还是希望自己在这个家,在这个社会上有价值。

不论是我的部门领导,还是我,都曾试图阻止他们去实现这样的价值。

我时常对我爸说的是:"你看你辛辛苦苦地每天晚上加班,一个月也就多个两三千块钱。我随便写写文章,也就把这钱给挣回来了。你何必非得去受这罪呢?"

我爸听着会嘟囔几句:"你是不是看不起我挣的这点儿小钱啊?"

我爸说得没错。我看不起他挣的那点儿小钱,觉得他在消耗身体,完全不值得。我打着孝顺的名义，跟他据理力争，却从来没有想过背后的原因。

赵远找他舅舅帮忙，在一办公楼里给我爸找到一份水电工的工作，工资有四千多。我们在这个基础上，每个月贴补一千块钱，麻烦对方把我们贴补的钱和工资一起发给我爸，并请求对方帮我们保守这个秘密。

因为水电工这块，我爸在家给人造房子时，全都有涉猎。只要学习下，也算得上自己的拿手活，所以我爸终于答应放弃地铁里的工作。

不用上夜班，我松了口气。

另一方面，我给爸妈还有公婆，都买了一份医疗保险。他们之所以拼命赚钱，除了勤劳是一种习惯以外，大概还因为担心万一自己老了生个病什么的，没有足够的保障。所以我与其指责他，不如让他没有后顾之忧。

对于新工作，我爸适应得挺快。我正暗自得意时，却没想到我爸趁周末，又去职业介绍所找钟点工的活。他乐呵呵地说，反正在家闲着也是闲着，还不如找点儿活干。

我拿他没办法，但这一次，我没有阻拦他。

对于他们那个年代的人来说，没有那么多的娱乐方式，干活赚钱就是他们人生的乐趣。真正的孝顺，并不是用自己这个年代的标准，去干涉父母的生活方式。有时候，让他们做自己喜欢的事就好。

亲戚朋友都夸我，将父母接到上海去享福，但只有我知道，父母为了我，做出了怎样的牺牲。我爸在家，至少不用看人脸色。

保护我,是她本能的强迫症

哪个少女不怀春

每当和别人聊起青春这个话题时,我总像个努力想要藏拙的小孩儿,不愿跟别人分享自己十九岁之前的时光。

万不得已的情况下,譬如上大学后的宿舍卧谈会,姑娘们兴致勃勃地分享自己的初恋经历时,我就只好厚着脸皮,天马行空地杜撰出一个青涩的暗恋故事。

幸好宿舍熄了灯,没人能看清我脸上的表情,也没人看出其中的破绽,甚至她们还说,学霸一般都只玩玩暗恋,不然怎么当学霸?

我有些心虚。就算是暗恋,我也不够格。青春里的那点儿小心思尚未萌芽,就被秦文娟女士扼杀在摇篮里。这种时候,我在心里对她就有了深深浅浅的怨艾。

因为她，我的青春才寡淡得不值一提。

秦文娟是我妈，她在自己32岁那年生下我。和那个年代的同龄人比起来，结婚和生孩子这两件事，她都落后了别人一大截。争强好胜的她，怎么能允许自己比别人差呢？

所以，我成了她能否成功逆袭的关键。在她严格的家教下，我倒是很自然地长成了一个懂礼貌、有教养，且读书成绩好得让她的闺蜜们艳羡的乖乖女。

只是，哪个少女不怀春？

初二那年，我收到人生中的第一封情书，心里紧张得如小鹿乱撞。我当然能想象，被她发现会是什么后果。犹豫再三，我将那封情书藏在书柜的一本旧书里。可我吃饭时傻笑的样子，一下子便让她看出端倪。对我一番刨根问底的追问后，我只好老老实实地做了交代。

保证书上，她让我写，决不在上大学前谈恋爱。满满一张纸，写得我心里很憋屈。这之后，每天下了晚自习，她都坚持来学校接我。

比这更离谱的是，我考到县城读高中那年，她和我爸一商量，竟然辞掉在新华书店的稳定工作，用家里所有的积蓄，在我高中学校门口开了一家书店，专卖学生的辅导资料。

也就是说，高中三年，我继续生活在她的眼皮子底下。那种男生偷偷尾随女生的浪漫桥段，永远不会发生在我身上。因为出校门右拐，就是我家。人人都知道我有个严厉的老妈，哪个男生敢靠近我？

高考填志愿时，我赌气选了离家很远的北京。这一年，我妈50岁，我就不信她还有勇气跑去帝都开书店。

那时的我，只有一个念头，那就是逃离她的庇护，离她越远越好。

人生中第一场恋爱并不顺利

大二那年，我光明正大地开始了人生当中的第一场恋爱。

M是学生会主席，长得眉目清朗，高大帅气。他站在四月阳光里的样子，让我怦然心动。苦追了大半年后，我终于成了他的女友。

当然，这些我都不敢告诉我妈。

有天晚上，和M出去约会时，我将手机不小心落在了宿舍。十点多回去，室友一看到我，马上大呼小叫起来，你总算回来了，赶紧给你妈回电话，她快把你的手机打爆了。

"你们该不会说我约会去了吧？完了完了。"我正寻思着找理由时，我妈的电话打了进来。不过她说的是："待会儿把那个男孩的照片和手机号码发给我，下次约会不要太晚回来，要注意安全……"

我被她说得一愣一愣的。

这话的意思也就是，她不反对我恋爱了？她回我："你以为你妈老封建？大学就该一边学习一边恋爱。爱情也是一所大学，你争取早点儿毕业。"

我大呼理解万岁。

可我的恋爱谈得并不顺利。不记得从哪天开始，M对我的态度，突然就淡了下来。我摸不清缘由，只好加倍地对他好。可惜这种卑微的姿态，并没有改变现状。患得患失的过程中，我的情绪变得很糟糕。

所以就算我在电话里掩饰得再好，还是被我妈听出了语气里的失落。

周末，她出现在我的宿舍楼下时，M的分手短信也出现在我手机里。M说："对不起，我从一开始就没喜欢你，只是被你感动了，我以为这是爱情。你妈说得对，不喜欢一个人，还跟她在一起，那不是善良，而是残忍。所以，我们分手吧。"

我的眼泪瞬间决堤，情绪也失了控，我朝着手里拿着大包小包的妈妈吼道："你干吗跑去找他？都是你，一定是你吓跑了他！"

任由我发泄完情绪，她才一字一顿地说："他要是真爱你，怎么吓得跑？女孩子千万别倒追，倒追来的爱情，从一开始就失去了主动性。"

我才不要听她讲大道理。在心里，我是有责怪她的。那可是我的初恋啊，就这样无疾而终。我消沉了很长一段时间，她每天给我打电话，聊家常，只字不提爱情。

后来我爸告诉我，那段日子，她在家总是心神不宁。差点儿真的盘掉书店，来北京当"北漂"，最后被我爸好说歹说才拦了下来。

这些，都是我不知道的事。我总是嫌她烦，嫌她管着我，却忘了在自己最难过时，安慰我最多的人，却是她。

挥别错的人，才能遇到对的人

可能因为是初恋，也可能因为爱得太用力，这之后，我对爱情有了免疫力。

我妈很着急。她病急乱投医地跟别人学上网，然后隔三岔五地在QQ（即时通信软件）上给我发一朵灿烂的玫瑰花，外加"趁阳光正好，赶紧恋爱"之类的心灵鸡汤，我有些哭笑不得。

偶尔被问得烦不胜烦，我就给她回个翻白眼的表情。她也不恼，马上发来一句：别灰心，相信我，白马王子还在路上。

但一直到大学毕业，我都是孤身一人。有了前车之鉴，我不敢贸然开始一场恋爱。

直到在工作中遇见K，我才知道什么是"相见恨晚"。K内敛沉稳，风趣幽默。爱情来的时候，挡也挡不住，我沦陷在K的柔情里无法自拔，并学着低眉顺眼，努力对这个男生好，只盼有一日能修成正果。

可后来才知道，我满心以为的幸福，只不过是个假象。K先生早在另一座城市结婚生子，我像个傻子一样，被他耍得团团转。

这场爱情的打击，是致命性的。满心憧憬的未来，最后却被告知，所谓的未来，只不过是我一个人。这简直是个笑话。后来我干脆辞了工作，灰溜溜地跑回了家。

我以为我妈会像之前一样，给我安慰，帮我疗伤。但这次，她看起来有些恨铁不成钢："遇到这点儿小事，就躲起来？不就是运气不好，碰上一个渣男吗，这年头谁没爱过几个人渣？"

我原本想反驳她，可最后那句话从她嘴里冒出来时，我却一下子被逗乐了。再抬头看一眼老妈，突然觉得心底那道过不去的坎，就那么轻松地跨过去了。

实际上,渣男足够渣的话,忘记是件很容易的事。再加上我妈天天在耳边念叨"挥别错的人,才能遇到对的人"之类的话,我痊愈的速度有些惊人。

身边有人夸我妈很潮很时尚,随时都能蹦出流行语。她回人家:"等你有了小孩儿,很自然地就会逼着自己跟上孩子的步伐,不然怎么与时俱进地教育他们?"

不得不承认,秦文娟女士确实是一位与时俱进的潮妈。

她一直站在我身后

后来,我在爱情里尘埃落定。

带杨树回家之前,我的内心是忐忑的。杨树家条件一般,嫁给他意味着至少三年内,我们都没能力在北京买房。即便凑够首付,将来也要当一辈子的"房奴"。我怕我妈会站出来反对,可没想到,最后反对得厉害的人是我爸。

我们三个人的家庭会议上,我妈问我:"真的爱他?"我拼命地点头。然后她说:"那行,我投赞成票。杨树条件是不好,但看得出来,他有潜力,对你也好。只要你们彼此相爱,将来该有的幸福,一样都少不了。"

我爸没好气地说:"你这人怎么啦?嫁给这种穷小子,就不担心丫头受苦？"我妈回他："二比一，你一个人反对没用。"

然后她又转过身，对我说："但你要做好吃苦的准备，以后不管生活有多苦，你都不要抱怨，也不要埋怨。两人齐心协力，日子一定会好起来。"

我很郑重地点点头，这些年，我在心里对她有种笃定的信任。听妈妈的话，绝对不会错。

那次回去，我和杨树在家待了五天。有天中午我在房间里午睡时，隐隐约约听到我妈和杨树在客厅聊天。我竖起耳朵，听到我妈说："这丫头像我，脾气有些倔。以后她生气发脾气时，你就多抱抱她，别跟她对着来。相信我，这招绝对管用……"

我在这番话里，红了眼眶。

回想这些年，无论我什么时候回头，她都站在我身后，用或温柔或霸道的方式，保护我不受伤害，也让我在爱情里，一点点成长起来。我曾埋怨她毁了我的青春，但实际上，她却让我明白了，正是在该读书的年纪认真读书，我的人生道路才走得更广阔。

有那么一段时间，我特别反感她。直到现在，我才明白，对我妈来说，保护我，是她的一种本能的强迫症。不管我曾多反感，但最后不得不承认，她说过的那些道理，都是对的。

我能想象她担心我时，那副眉头紧蹙的样子；也能想象出她看到我在爱情里受伤害时，那副寝食难安的样子。而此刻，我想对她说，以后，换我来保护你可好？

Chapter 3
慢慢变好,是给自己最好的礼物

对女生来说,要有私藏的个人小物件,也要有自己的底色。认真变美、变温柔,是尊重别人,更是取悦自己。

热爱点儿什么，才能与世界相爱

一度固执地认为，甜点应该是女生的另一个胃。

每个女生在世俗的烟火生活以及烦琐的日常工作中，都会有一款自己钟爱的甜点。正如有人喜欢蛋糕，有人喜欢布丁，有人喜欢冰激凌，她们心里的甜点也是千差万别。

人生漫长，日子总是需要一点儿甜头的。

有次跟团旅行，认识了吴小姐，吴小姐的主业是建筑设计师。作为设计师，她经常要戴着安全帽，穿着工作服出入工地，弄得灰头土脸，也因此练就了一副大大咧咧的女汉子性格。

没想到中途聊到各自的业余活动时，她的答案却是："做手工呀，喏，这个包就是我自己做的。"这话一出，让旁人大跌眼镜。因为无论怎么看，她也不像是个喜欢女红的人。但这就是她的甜点。

还有不久前，因工作的原因，结识一姑娘。她是办公室里的小文员，性格内向斯文，说话轻声细语，绝对的文静淑女。可你一定想不到，闲暇之余，她最喜欢的运动却是蹦极。说起蹦极时，她简直两眼放光。还有一女孩，失恋后，全国各地参加各种长跑。她说，在汗水流下来的那一刻，再黯淡的生活，也像是重新有了曙光。喏，蹦极和跑步，就是她们在有点儿糟糕、有点儿枯燥乏味的生活之外，给自己找到的"甜点"。

我还有一个朋友，四十来岁，大公司的CFO（财务总监）。项目不顺时，她会在夜深人静的夜晚，一个人待在屋子里，看一部惊悚的恐怖片。看完，美美地睡一觉，醒来，再踌躇满志地迎接新的一天。而那些恐怖片，大抵就是她钟爱的那款"甜点"。

因此才会有人说，活得精彩的女生，身上从来都有两张名片。一张是你看得到的表面，而另一张藏在心里，不会轻易示人。不肯轻易示人的那一张，才是真正的妙趣横生。就像你永远不知道，你眼前的女生，会有怎样可爱的另一面。

或许每个女生，都应该找到属于自己的那款甜点。然后让自己看起来神秘些，日子看起来有趣些。

人生漫长，生命里也一定都有一两件深度热爱的事物。

当然，深度热爱，向来都是孤独的。那份喜欢里，有别人看不透的小偏执，以及曲高和寡的不合群。可这又有什么关系？能让自己快乐，就是对人生最好的馈赠。

一日正上着班，收到远方寄来的快递。迫不及待地拆开，是两瓶色泽红艳的腐乳。不用看寄件人，也知道是旧友美玲送的礼物。

算起来，应该有四五年了吧？每年的这个季节，都能在某个原本寻常的日子里收到这样一份惊喜。美玲还非常用心地在快递里夹了一张明信片，上面写着：我亲爱的朋友，这是我的心头好，想把它分享给你，愿你也能感受到我的快乐。

简直一下子暖到了心里。

制作腐乳，是属于美玲的深度热爱。每年冬天，她都要开车去乡下，精心挑选一些新鲜优良的黄豆买回来，然后精心制作十几瓶口味不同的腐乳。自己留一些，其他的分享给朋友和家人。比起腐乳散发出来的淡淡香味，她更享受整个制作过程带来的小满足。而我们这些被她惦记着的友人，也仿佛在她的热爱里，感受到了生活的美好。

有时，能够怀着愉悦之心，去深度热爱一件事或者某个物品，是属于自己独有的福气。

朋友梅莉的衣橱里，藏着各种颜色和款式的围巾。秋冬出门的时候，随便搭一条，瞬间多了一点儿韵味。而每次去商场，她总是对做工精细的丝巾没有抵抗力，那是她的心头好。

也有朋友独爱火锅。冬天是一定要吃火锅的，一家人围坐在一起，热气腾腾的雾气里，日子也跟着暖和起来。失恋是要吃火锅的，红汤里冒着气泡时，放进白嫩嫩的豆腐块，青翠欲滴的小青菜，活蹦乱跳的小白虾，还有鱼丸、木耳、羊肉、香菇、藕片……看着这些食物堆在一只锅里其乐融融，心里空掉的那部分全部被食物填满，暖融融的，像是看见春天里的樱桃树。吃个火锅唱个歌,失恋这件事,好像"嘭"的一声,就过去了。

当女生深度热爱某个物品,就算再平淡无趣的生活,仿佛也因为心底的小偏爱,平添了几分乐趣。

而同事W小姐最爱的地方,是厨房。煲汤做菜,她一点儿都不嫌麻烦。有次去她家做客,她早晨六点钟就起床,去菜场买绿油油的蔬菜,称几斤排骨,再买些鱼和虾,忙活了半天,准备了一场盛宴。再看一眼女主人脸上的幸福,简直满得能够溢出来。

对女生来说,漫长人生路上,有点儿自己的小乐趣,日子才会鲜嫩绵长一些。而年纪越大,我越发相信,在生命中保留一两件深度热爱的事,才算没有辜负大好时光。

取悦自己是穿衣打扮的最终目的

蕾丝不老

春天的午后,我在商场闲逛时,漫不经心地与一双黑色高跟鞋不期而遇。蕾丝花边那么温柔地点缀着鞋跟,一下子惊艳了我的时光。

那是我第一次为蕾丝折服。从来不知道,它可以妩媚到这种程度。

自此心底便固执地认为,只有蕾丝,唯有蕾丝,可以让高跟鞋锦上添花。蕾丝的清纯、蕾丝的娇艳,还有蕾丝的妩媚,都在一双细高跟上得到酣畅淋漓的体现。那种从骨子里散发出来的野性与性感,如同春天的曲子在耳边呢喃,真是美到了心里。

随手打开家里的衣橱,总有那么一件衣服与蕾丝有染。或是内衣上的小点缀,或是连衣裙上,蕾丝的扑面而来。小点缀的蕾丝甜美可人,大篇幅的蕾丝性感魅惑,怎么都是好看。

总有那么一件衣服，是因为蕾丝的加入而变得爱不释手的。可是，也千万别仗着蕾丝随和，就在全身上下堆满蕾丝和打褶的花边。简洁，绝对是蕾丝最好的品质。

我曾一度深信，蕾丝能够点石成金。仿佛随意的一个单品，只要融入蕾丝，都能平添一丝风情与诱惑。放眼望去，蕾丝似乎无处不在，以各种形式出现在我的视野：钩织蕾丝、提花覆盖蕾丝、立体蕾丝……可即便是这样，也不会让我觉得蕾丝浮夸。

十二三岁的时候，父亲去上海出差，给我买回细棉布的白色蕾丝裙，那实在是好看啊，我的青春仿佛是因为这样一条蕾丝裙才变得熠熠生辉起来的。此后不论多少年过去，我对白色蕾丝始终都没有抵抗力。

即便是现在，我最钟情的也还是白蕾丝，觉得只有这种彻底的纯白，才符合蕾丝的本来面目：清丽、柔媚、婉转，温馨得如同一场不愿醒来的梦。也许每个女孩都该有一条纯白蕾丝裙，用来完成那个关于公主的梦想。

因为我们不只是把蕾丝穿在身上，也是把心灵与梦想穿在身上。

蕾丝，是心底的柔软。容颜也许会黯淡，蕾丝却不会老，那是属于内心永远的缱绻与娇柔。唯有蕾丝，且只有蕾丝，能彻底唤醒女孩的初心。

连体裤的小麻烦

没有一条阔腿连体裤的夏天,简直是对这个季节的辜负。

帅气利落,甜而不腻,这是我对连体裤的初步印象。穿腻了袅袅婷婷的裙装,连体裤便可适时登场。这样即便身处茫茫人海,也能一下子抓住众人的目光。

清一色白衬衫的学生时代,隔壁班有个身材高挑、打扮入时的漂亮女生。有一次,她穿一身碎花连体裤出现在我们的视野,看起来真是惹眼啊。那种帅气与迷人,看得我们这群小女生又羡慕又嫉妒。

奈何母亲觉得,学生就得穿清纯的学生服,不肯给我买这类衣裳。恳求多次,都无疾而终。那真是又寂寞又黯淡的少女时代,可又有多少母亲肯让女儿在青春期过于与众不同呢?

工作之后,时常有面对众多衣裳,不知如何搭配才得体的苦恼。听从闺蜜的建议,我买回几件连体裤放进衣橱。睡过头的早晨,随便套上一件,再配上高跟鞋,OL(职业女性)气场瞬间十足。驰骋职场,连体裤,永远再合适不过。

仿佛再青涩的小女生,只要穿上连体裤,都能多出几分韵味。表妹长相可爱,一度嫌弃连体裤过于冷艳,害怕自己没有hold(驾驭)住它的强大气场。好在,连体裤有短款的设计,既清新俏皮,又不失妩媚。

连体裤"贴心"地将女生的比例修饰得近乎完美,绝对是女生世界里的法宝。同时,它还能恰到好处地表达出一种独特的气质。可俏丽也可性感，堪称完美的吸睛单品。

当然，连体裤也是有瑕疵的。每去一回卫生间，简直都是一次"涅槃"。可美丽，总是需要一点儿牺牲精神的吧。想想，和"恨天高"比起来，连体裤的这点儿小麻烦，是不是已经很有爱了？

连体裤的极致，是简约。它绝对容不下太多色彩，也不需要过于繁冗的剪裁。就这样在简简单单中，反而平添一份自信与高雅。

外出度假的日子，需要裙角的盈香，也需要一条不用担心会走光的连体裤。穿上酷酷的它，绝对可以给你带来不一样的假期。

喜欢连体裤的女子，大多古灵精怪，不按常理出牌。她们可以穿长裙招摇世界，也可以穿连体裤征服世界。

平底鞋物语

整理鞋柜的时候，发现一年四季里大部分都是平底的鞋子。

夏天的平底凉鞋，设计舒适而简约，随意却也不失大方。民族风抑或田园风，赤脚穿着，很轻易地就清凉了一个夏天。春秋季节的平底鞋，颜色各异，款式多样。绒面的、黑皮的、小圆头的、蝴蝶结的、复古风的抑或碎花的，仿佛要把整个大自然的颜色穿在脚下。而冬季的平底雪地靴，不仅暖和舒适，更是搭配大衣的最佳物品。随意一搭，便是街头一道亮丽的风景。

穿上平底鞋，在三月去看花，七月去看海，该是一件很美妙的事情吧。

Manolo Blahnik（莫罗·伯拉尼克）曾说："平底鞋能让女人看起来更像一只猫。"而有猫性的女子，自是独特而美丽的。眼角眉梢，浑身上下散发出一种简约与自由的气场，远远望去有些慵懒，却也绝对认真、不敷衍。

而穿平底鞋的女子，相对于高跟鞋的性感，该是有着足够强大的内心和稳妥的自信。步履轻松、气质特别，一副宠辱不惊、与世无争的静好模样。

某一天，走在大街上，穿一双带有鞋带子的平底鞋，便可以在遇见不想碰见的人时，安然地蹲下系那细细的鞋带。而这样的小心思小伎俩，高跟鞋只能是望尘莫及了吧。

又或者在出差的旅途中，包里随身携带一双样式简单大方的平底鞋。在不需要应酬的空隙里，穿上舒适的鞋子，在陌生的城市街道，步履轻松地去发现这座城市里的小惊喜。而那些因工作带来的小厌倦小疲惫，也早已在那份舒适的氛围里不知去向了吧。

喜欢穿平底鞋的女生，她们不招摇，不展示。她们就是她们自己，不取悦任何人。她们想要取悦的，仅仅只是她们自己。

祝你会写PPT，也会叠白衬衫

可能很多女生在少女时期，都曾花痴一样地幻想过，有天能遇见一个温良如玉的男子，然后心甘情愿地为他洗手作羹汤。

但幻想是一回事，能不能分清楚葱和蒜是另外一回事。

我妈的妈妈告诉她，女孩子一定要贤良淑德，家务活做好了，才不会被婆家人看笑话。我妈却打小就告诉我，你那双手以后是用来弹琴、写诗、指点江山的，怎能浪费在这些琐碎小事上？所以，不懂女红，不知油盐，十指不沾阳春水，也不能全怪我。

外婆为这事跟我妈闹别扭，她说："女孩子不会做饭，不会收拾房间，将来怎么嫁得出去？"我妈回她："这有什么关系，以后请保姆就是了。"

我坐在书房里，窗外的夹竹桃不知什么时候开出了第一朵花，有风从窗口溜进来。客厅里，我生命中最重要的两个女人正在为我斗智斗勇，据理力争。

很多年后，那一刻的时光和夹竹桃，都成了美好的事。

特别想念那个打理得井井有条的家

我出生在南方小城，家里住的是老式公寓楼，70多平方米的两室一厅。

小时候，我对家的概念是每个傍晚时分，我爸坐在沙发上翘着二郎腿看电视，我在旁边玩积木或者看小人书，而我妈在厨房与锅碗瓢盆为伍。很多时候，我妈总是抱怨我爸不去搭把手，可我爸真要进了厨房，不到三分钟就会被赶出来。两人总是这样拌嘴，乐此不疲，我却听出细密的温柔。

我妈是标准的家庭主妇。有她在，家里总是窗明几净，一尘不染。衣服按季节分类，被子被叠成标准的"豆腐块"。卫生间里，我妈的护肤品，我爸的刮胡刀长年累月地各司其职。来过家里的每一个客人，都对我妈的收纳能力叹为观止。

18岁之前，我在这样的环境里长大，从未离开过家。

高三下学期，我像很多应考生一样，有点儿焦躁。有天下了晚自习，我和闺蜜谷莉莉走出校门，在十字路口等红灯时，她像个诗人突然来了灵感，欢呼雀跃地跳起来说："欸，要不我们搬出来住吧？租个房子温习功课怎么样？"

我听着，心里像是突然有了一道光。可是，父母会同意吗？谷莉莉笑着说："放心吧,这可是高三,谁敢让高考生的心里不痛快?"谷莉莉说得没错。爸妈在震惊、愤怒以及不解等各种复杂的情绪过后,终究还是妥协了。

我和谷莉莉在学校附近租了个小公寓,一本正经地不肯让父母前来打扰。搬出来的第一个晚上,两人兴奋得睡不着,躲在被窝里一点一滴地规划未来和远方。也许是压抑的情绪得到释放,我俩月考成绩都上升了一大截,家长们总算松了口气。

可这样的状态并没有维持太久。有天上完晚自习回来,推开房门,看到床头乱糟糟的衣服,皱巴巴缩在一角的棉被,我突然特别想念那个被我妈打理得井井有条的家。也是在那天晚上,谷莉莉半夜起来吃泡面,吃到一半的时候,突然"哇"的一声哭了起来,她说:"怎么办,好想吃我妈烧的糖醋排骨。"被她一蛊惑,我忍了很久的情绪,终于在那一刻崩盘。

第十天,我们各自灰溜溜地搬回了家。

家还是那个家,但从此我对我妈的爱里,多了一点儿景仰。其实她每天从容不迫地收拾屋子,絮絮叨叨教育我和我爸不要随手乱放东西的样子,看起来很可爱,也很伟大。

当你试图用贤良淑德去讨好一场爱情

不久后,我去合肥上大学,谷莉莉去了北京。

临开学前，谷莉莉她妈和我妈一样，都有点儿小焦虑。当然，我妈还有点儿小懊悔。虽然对于外婆说的"女孩子不会做家务，将来怎么嫁得出去"的观点，她仍然没法苟同，但一个女孩子如果连自己的衣服都叠不好，离开了家，还怎么生存？

我妈决定临时抱佛脚。

可当她不厌其烦地教了我十遍如何去叠一件衬衫，而我还是一脸茫然时，她终于败下阵来。她用一种特别不甘心的表情看着我，说："真有那么难？"其实我想回她，当初不是你说我的这双手是用来弹琴、写诗、指点江山的吗？想了想，还是没说出口。

随着年龄渐增天地开阔，渐渐也会试着去理解母亲的心意。不论是我妈对我，还是外婆对我妈。她们想要给予子女的，一定都是在当时的情境里，自己所认为的最好的。

带着我妈的那点儿不放心，我在距离家1024公里的城市，正式开始了大学生活。

可能每个女生宿舍，都有这样一类姑娘：她们的书桌永远干净、整齐，小床一定要用蚊帐撑起一方小世界，里面有小玩偶和碎花枕头，看起来简约而温馨。而她们的衣柜，任何时候打开，都会让你自惭形秽。我们宿舍里，何云就是这样的存在。

不过，我们并不是很喜欢她。每天一回宿舍，她不是说"小寒，你别把香蕉皮扔在纸篓里，容易招虫子"，就是说"小满，下次值日，你能不能把地拖干净点儿"，或者是说"丹丹，你的那双球鞋该洗了，臭死了"。用词毫不留情面,简直烦透了。

大三下学期,丹丹和男友在校外租了个小居室。

姑娘们第一次去做客,何云一进门就大呼看不下去。然后强迫症发作,开始动手收拾屋子。当她从沙发底下翻出一条男士内裤时,空气像是凝住了,气氛极度尴尬。丹丹反应过来后,抢过内裤扔进卫生间,她男友闹了个大红脸,何云却跟没事人似的说:"啧啧,这样下去,你们这里和狗窝有什么区别?"

丹丹的脸色沉了下来,我赶紧打圆场说:"欸,咱们玩斗地主吧。何云,你不是说要烧红烧肉,我都馋死了。"黄昏时分,天色暗下来,我们在客厅打牌,何云系着围裙在厨房忙碌得像个贤惠的小媳妇。当四菜一汤上桌时,不知道是不是我的错觉,总觉得丹丹男友看何云的眼神,有点儿不一样,像是欲说还休。

我否定了这样的猜测。丹丹和男友恋爱三年,感情向来很好,是要奔着天长地久去的。怎么可能出现肥皂剧里的狗血剧情呢?

但我又隐隐感觉不对劲,好像是在那天之后,丹丹跑回宿舍的次数越来越多。据说她男友不知怎么看她越来越不顺眼。而她男友的母亲来学校的时候,直截了当地对丹丹说:"你连速冻水饺都煮不好,我怎么放心把儿子交给你?"末了,丹丹一脸惆怅地对何云说:"亲,教教我怎么做个贤惠的小媳妇呗?"

丹丹还真的就像模像样地学了起来。爱一个人的时候,果真是有了软肋,也有了铠甲。

可是很快，丹丹就和何云决裂了，也和男友分了手。是在男友说了第五遍，"你看人家何云多好"后，丹丹冒出来一句："你该不会是喜欢人家了吧？"这个看起来有点儿老实的男生沉默了，然后点点头。

这天之后，我们宿舍的关系变得异常紧张。何云背上"抢室友男友"的骂名，但她看起来好像并不在意，只是淡淡地说了句："当你试图用贤良淑德去讨好爱情，你觉得还能长久吗？"

她说得云淡风轻，我们心里对她多少有点儿不满。

可五年后，我坐在我的老闺蜜谷莉莉家的沙发上聊到这一段的时候，她说："何云说得没有错啊。女生会做家务，是锦上添花，却绝不是爱情能够走向繁花深处的通行证。"

愿我们都能漂亮地取悦自己

五年后的谷莉莉，是每天踩高跟鞋出入北京城高档写字楼的小精英，身上自带女王气场。

大学毕业那年，我出差去北京，谷莉莉说的是："走，姐请你吃大餐。"而五年后，她却将我带回自己的小公寓，系上围裙，亲自为我做可乐鸡翅和红烧鱼，看起来宜室又宜家。

我坐在她的布艺沙发上，打量这间不到五十平方米的出租屋，想起有人说的，房子是租来的，但日子不是。所以当然要有碎花窗帘来点缀女孩子的梦想，要有隔板和收纳箱来让物品整齐有序，要有一盆绿萝来给生活添一抹淡淡的绿意,也当然要有厨房里偶尔飘出来的红烧肉的香味。我看着眼前的一切,觉得时光像是施了魔法,高三那年吃泡面吃到"哇"的一声哭出来的姑娘,到底还是被时光带着让自己的生活渐入佳境。

其实不仅是谷莉莉,这五年时间,我的人生也像是逐渐开辟出了一块新的天地。五年后的我,也能在加班的深夜,给自己在厨房做一碗热乎乎的西红柿鸡蛋面。也能在失恋的日子,从容淡定地在家拖地、刷马桶、整理衣柜,剔除身边多余的东西,学会在爱情里断舍离。也慢慢懂得在假期减少旅行,坐上火车回到小城,陪逐渐年老的父母散步聊天,带他们定期体检,关心他们的饮食和健康。

越到后来越是明白,食得人间烟火香,方能与生活更加和平友好地相处。也越是明白,无论何时,爱自己爱家人,才是人生里最重要的主题。

就在出差来北京的前一晚,我因为一个项目的失误,被上司批得心灰意冷。坐在地铁里的我,只有一个念头,辞职,必须辞职。人生黯淡极了。回到家,我决定给自己熬碗小米莲子粥。不到一会儿工夫,空气里充满了淡淡的米香。喝完一碗粥,堵在心里的委屈也跟着清零,我就这样满血复活。那样的时刻,生活有点儿糟糕,但生活也自有它的温暖与善意。

在北京的这个深秋夜晚,窗外有细雨敲打屋檐,我和谷莉莉像是回到少女时期,躲在被窝里说着密密麻麻的心事。时光有点儿残忍,但时光也很仁慈。我们终于不再是18岁时那个飞扬跋扈的姑娘。现在的我们，可以做图文并茂的PPT（微软演示文稿软件），也可以在厨房煲个美味的汤；可以将策划案写得很漂亮，也可以将白衬衫叠得很养眼。

说到后来，谷莉莉沉沉睡去，我的思绪却像是脱了缰绳的小野马，回到很久以前那个有风从窗口溜进来的下午。想起外婆和我妈为我到底要不要学做家务而争得不可开交的样子，不禁哑然失笑。很多年后的今天，外婆已经离开，我妈也逐渐老去，而我也终于知道，女生可以不做家庭主妇，但女生至少要学会一件家务。会点儿家务活，并不是为了取悦别人，也不是为了讨好男友，更不是为了让未来的婆婆喜欢你，自始至终我们只是为了取悦自己。

这样即便人生有风雨，生活有艰难，至少还可以在失意的夜晚，自己给自己做一碗热乎乎的鸡蛋面，来给胃打个暖暖的底。至少还可以在情绪低落的早晨，打开衣柜，随手拿起一件折叠整齐的白衬衫穿上后，信心满满地开启新的一天。

愿最后的最后，我们都能这样漂亮地取悦自己。

把生活修正成自己喜欢的样子

懂得克制之美

女友小喜常年保持清瘦的体形。任何衣服穿在她身上,都像是施了魔法,总能被她穿出一种味道。

几年前,小喜还是个胖姑娘。喝水都长胖,说的就是她。而她在美食上,也从来不亏欠自己。无论是冰激凌还是巧克力,都尽可能满足自己的口福。对她来说,能保持好身材,得益于健康的克制。

冰激凌要吃,但不会过量。巧克力要吃,但一定在吃过之后,出去跑个步,健个身。这是减肥,但也是健康地瘦下来。有人总是吃得太饱。好像肆无忌惮地满足自己的胃,才算活得随心所欲。时间久了,才知道,七分饱才恰到好处。作为女生,能够掌控好自己的身材,健康地瘦下来,这个过程有种独特的克制之美。

所谓的克制之美，不仅是保持外表的轻盈健康，体现在生活里，克制是和朋友相处时，让自己有一颗谦卑之心；和亲人相处时，不骄纵任性；和恋人相爱时，不无理取闹……而成熟的标志，大抵就是懂得克制自己。

不仅克制自己的体重，也克制自己的情绪。克制情绪，时时自省，做个情绪稳定的人。

偶尔也会想起年少轻狂时的自己，不懂克制，性格刚烈，脾气暴躁，一点就燃。说话总是大嗓门，做事凭着一股冲动。工作上受了委屈，潇洒地给上司扔个辞职信走人。和朋友闹别扭，会不经大脑说出伤人的话。年少时，喜欢一个人，也是狂热而毫无节制的，恨不能将一颗心掏出来去爱对方。

后来才知道，话不能说得太满，也不能说得太绝。适度克制，是给自己退路，也是给别人台阶。也是后来才知道，无论是爱情还是婚姻，爱都并非越多越好，而是要恰如其分。

克制的力量，能够让女生慢下来，静下来，优雅起来。

时常觉得，同事陈姐是我们办公室里的一股清泉。工作上有人误会了她，她不会勃然大怒，而是轻言细语地跟对方交流，和和气气地化解矛盾。而当一群人聚在一起吐槽生活的各种不如意时，也很少听到她的抱怨。

以前总觉得，陈姐这人活得很寡淡，像是很少有大的情绪波动，看不出她的喜怒哀乐。慢慢才领悟到，其实陈姐才是将日子过得最轻松自在的人。她懂得克制自己的情绪，不带给别人负能量。和她在一起，你会觉得日子美好又舒适。

对女生来说，健康地瘦下来，适度地控制情绪，懂得克制之美，是功课，也是智慧。

美是一种礼貌

早晨坐地铁上班，中途有一站，看到一女子匆匆忙忙挤进来。

她其实算是美女，五官长得好，加上个子高挑，在人群中很惹眼。但就是打扮得太随意，没化妆就算了，头发也是乱糟糟的，怎么看都有点儿邋遢。

我看了一眼，心里有点儿替她遗憾，真是浪费了那张天生丽质的脸啊。

感叹完，继续埋头玩手机。可等地铁到站，我再抬起头的时候，眼前的她，却像是换了个人。不到一会儿工夫，她画了眉，涂了口红，脖子上多了条丝巾，头发也乖巧地扎成了马尾，看上去简约干练，分明就是这座城市里光鲜靓丽的白领丽人。

将自己收拾妥帖后，她拿出kindle（亚马逊电子书）开始看书，四周的喧哗与热闹，像是和她无关。她时而眉头紧锁，时而轻轻一笑，沉浸在自己的世界。

不知道为什么，看到这样的她，这个有点儿雾霾的早晨，我的心情一下子好了起来。我能想象，她昨晚大抵熬了夜，早晨睡过头，匆忙赶着上班。但即便时间再赶，也要借着地铁里的灯光，让自己看起来神清气爽、美丽动人。

这样的美，我理解为一种礼貌。是对自己，也是对别人。

想起有一次，和女上司一起去外地出差。因为是谈项目合作，我们穿的都是中规中矩的职业装。对方老总对我们的方案很满意，签完协议后，邀请我们参加晚上的一个行业酒会。从对方办公楼出来，已经是下午四点，距离酒会还剩不到两个小时的时间，我琢磨着可以先回酒店休息，然后直接去酒会。可上司却拉着我，径直去了商场，挑了价格合适也很符合酒会气质的礼服。

当晚，上司在人群里应付自如，一颦一笑得体又端庄。回到酒店，她累得瘫坐在沙发上。那一刻，我突然觉得，她真的很美。那样的美，是骨子里散发出来的气场，是对别人的礼貌与尊重，是无论多累，也要让自己尽可能在人前得体优雅的从容。

我有个闺蜜，她常年坚持跑步健身，节制饮食，保持从商场随便拿件衣服都能穿得让人惊艳的体形。刚认识她的时候，我时常觉得，她的美，美得真是有点儿不划算。人生苦短，不能随心所欲地想吃就吃，想睡就睡，多亏啊！

后来相处时间久了，才知道对她来说，美是一种心平气和的习惯，并没有刻意为难自己。她让别人赏心悦目的同时，自己也乐在其中，或许这才是真正意义上的美。

真正意义上的美，不是取悦别人，也没有刻意为难自己。

走在大街上，能被我们一眼抓住的女生，大多有种独特的美。并非浓妆艳抹，但一定是恰到好处的温润妥帖。有时真是应该感谢这些制造美的女生，因为她们，这个世界看起来明亮而温柔。

美是礼貌。认真变美，是尊重别人，也是愉悦自己。

每一天都是芬芳她人的好时光

桂香落人衣

那是农历八月的一个晚上。月亮很大,微风徐徐,我将朋友送到地铁站。沿着马路往回走的时候,就那么不经意地闻到桂花香了。

那种美妙的感觉让我笔下的文字显得多余,惊喜得让我忍不住欢呼雀跃起来。

夜色里,柔软的秋风,带着淡淡的花香,一点点抚摸嗅觉,整个身心都被这样一种香气霸占着,让我舍不得移步向前。周遭似乎就在一晃眼的工夫里安静下来,不忍心大声说话,不敢大声呼吸,怕不小心会吓跑了这沁人心脾的香气。

爱花的人,才会如此惜花。

张爱玲在《桂花蒸·阿小悲秋》里写道:"秋是一个歌,但是'桂花蒸'的夜，像在厨里吹的箫调，白天像小孩子唱的歌，又热又熟又清又湿。"

真是很恰当。

上海的秋天就是这样一点点深入人心，微风拂面，世界都是影影绰绰的温柔。上班的路上经过复兴公园，就在那个路口，一阵香气扑面而来，然后我便看到一棵早桂上满树的小黄花，小巧的花瓣，毫不张扬地聚集在一起，散发出幽香。

在这个八月的早晨，沐浴着这清雅的香气，脑海里想起李清照的"暗淡轻黄体性柔，情疏迹远只香留。何须浅碧深红色，自是花中第一流"。一颗心在这种诗意里，变得温温柔柔。

再过几个时日，满城都应该是桂花香了吧。那种随处可闻的香气，会不会让你一下子醉倒在了这座城市的这个季节里？

月色清且冷，桂香落人衣。闻到第一口桂花香的心情，就像"忽如一夜春风来，千树万树梨花开"，那种赤裸裸的小惊喜不言而喻。仿佛因着这香气，衣服便有了一件件加起来的盛大理由。

于是马不停蹄地在衣柜里积攒衣服。衣柜里不一定是有很贵的衣服，但你知道的，一定是自己最喜欢的。

有些女孩只爱名牌和专柜，而另外一些女孩可能觉得，在街角的小店，淘到好看的衣服，也能心满意足得不知天高和地厚。

无所谓好与坏。就像如果你爱桂花的淡雅清香，也要让别人去爱玫瑰的娇艳芬芳。这是一个女生该有的底气。

淡淡芒果香

深爱南方的原因之一，是那里有香甜可口的芒果。

夏至未至的季节里，芒果缀满枝头，淡淡的清香弥漫大街小巷。从硕大的芒果树下走过，总习惯深吸一口气，仿佛吸进去的，是朴素而热烈的初夏气息。这时，若有一阵风从耳畔吹过，就能幸运地听到芒果"咚咚咚"砸到地上的声音。

很多年后，这样的场景，一直在我的心间萦绕。芒果是我最爱的水果，没有之一。

于是，一到芒果的季节，总忍不住一次就买回一大箱。明明刚拿回家的时候，那一个个芒果尚且披着青色的外衣，没两天的工夫，像是谁发起了一场比赛，争先恐后地变成了金黄色。那场面，忍不住让人惊叹，原来这种属于成熟的小快乐，也是可以相互传染的。

对于芒果，我永远缺乏抵抗力。

即便家里已经是芒果的世界，路过水果摊的时候，一看到芒果，总还要上前挑几斤。回到家，放两个在床头，光是闻闻，就觉得极大的满足。那是真的香啊，淡淡的香，不强烈，却持久。

爱屋及乌，芒果奶昔、芒果冰激凌、芒果布丁，一切带有"芒果"字眼的东西，统统成了我的心头好。甚至，我是因为芒果，才去看了那本诗一样优美纯净的小书——《芒果街上的小屋》，这本书真是干净得如同一本童话。

芒果形状各异，颜色鲜艳。在我眼里，每一个芒果都可爱至极。

有人骨头里挑刺，嫌弃芒果肉少核多，内涵不够。实际上，芒果的肉虽少，却全是精华。金黄诱人的果肉一口咬下去，特别香甜，甜得让我觉得，明明就是占了好大的便宜。

若用水果来比喻女孩，那芒果一样的女孩，该是外柔内刚吧。她们柔弱的外表下，其实有着强大而又韧性的内心。

表面看起来，这类女孩温柔随和，但她们内心始终有一把尺，遇事波澜不惊，处事从容不迫，永远活得不卑不亢，且游刃有余。

香水的魔法

记得有位女作家在打翻香水时写了这样一句话："香气四起，如谣言。"瞬间就被折服，用谣言来形容香水气味的弥漫，真是再贴切不过。

气味是太私人的东西，若不是自己喜欢的，还真是不行。所以选香水，不一定选最贵的但一定是要最适合的。如同选爱人，要选最舒适最一见倾心的。

读大学的时候，收到人生中的第一瓶香水。那个和我热恋中的男孩尚是穷学生，能够买得起的也不过是一瓶"雅顿绿茶"，他送给我的时候，有些惶恐不安，生怕我会嫌弃。

其实他不知道，尽管后来我可以去各大专柜挑选价格不菲的香水，学生时代的那份淡淡绿茶香却是记忆里最美好的部分。也难怪有人说,气味是最能引起人回忆的东西。因为那个香味,那段时光成了心底的柔软。

普鲁斯特在《追忆似水年华》中写:"当岁月流逝,所有东西都消失殆尽时,唯有空气中飘荡的气味还恋恋不散,让往事历历在目。"香水将时光中的人和事小心翼翼地封存起来,在某个触点,让往事轻轻流淌。

我确定香水一定是有某种神奇的魔法,每次经过商场的专柜,总是蛊惑着我忍不住地想要买回来。有时因为一个好听的名字,如第一次看到"许愿精灵",我一下子就喜欢上这四个字,清新、调皮,一如她的香味。有时因为一个好看的瓶子,一如"三宅一生",洁白修长的瓶身好似一个羞答答的女孩,那样一心一意地呵护着香水,生怕泄露了她的芳香,这样的香水瓶让人不自觉就心生柔情。

其实后来想想,也许香水最大的魔法在于,它让我们这些寻常女子平添了一份自信。自信的女孩,运气一定不会太差。

每个女孩,都该有瓶真正适合自己的香水。时间长了,这种味道就代表了她。香奈尔女士说,不擦香水的女人,没有未来。在我看来,不擦香水的女人,真是辜负了既能美丽自己又能芬芳他人的好时光。

愿你很柔软,也很硬气

请认认真真地温柔

说到温柔,你会想到什么呢,是春风拂面,还是小孩儿呢喃?

年少时,我理解的温柔,是一种天分,一种与生俱来的个人特质。所谓温柔之人,大都如清风徐来。说话轻言细语,举止谦卑有礼,态度温和敦厚。温柔,应该是女人的低眉顺眼,男人的温文尔雅。

就像隔壁邻居家的姐姐,喜欢穿棉布衣裳,保持长发顺溜,脸上总是挂着清淡的笑容,看起来恬淡温和。在我的印象里,她是温柔之人。即便是结婚生子,步入烟火生活,日子也过得简单知足,聒噪和焦虑的情绪仿佛永远不会出现在她的脸上。

人生中第一次给暗恋的男生打电话,接电话的是他的妈妈。阿姨没有如临大敌地警告我,不要影响她儿子的学习。而是在电话里轻言细语地鼓励我,先以学业为重,因为只有让自己优秀了,才配得上好的爱情。很多年后的今天,那个宁静的夜晚,以及阿姨温柔的声音,都成了生命里最柔软的一部分。

这些年,我遇到过一些温柔之人,也努力让自己在生活中,认真地温柔。于是也慢慢发现,温柔并不只是轻言细语、温和细腻那样简单。温柔还是,不管这个世界给你多大的恶意,你还能在心里抱有善意。满腔热情地热爱生活,心平气和地接纳自己。

小刀是我的同事。她父母早逝,小时候因一次误诊,导致一只耳朵失聪。和她说话,有时要叫半天,她才反应过来。开会的时候,她得借助助听器才能听清大家讨论的内容。一开始,我们大家都挺同情她。相处久了才发现她并没有为耳朵的事情感到自卑,更没有因为此事而去抱怨生活。每次看到她那张笑意盈盈的脸,我都会想到"温柔"。

在她身上,温柔不仅是一种状态,还是一种能力,一种心态。

所谓温柔之人,能自行消化生活里的负面情绪,乐观对待生命里的坚硬。所谓温柔之人,大多看尽世间繁华与沧桑。即便窗外是狂风大雨,心里也能撑起一方晴空。因为懂得,所以慈悲。因为积淀,所以宽阔。

不妨做最温柔的自己,很认真地温柔,将日子过得温柔一些,再温柔一些。

保护好你的底色

我一直认为,走在人群里,你会记住一个人,一定是因为对方有不一样的底色。而你能和陌生人成为朋友,那至少在某个契合点上,你们有相同的底色。

譬如同事A姑娘,她的底色是温。

认识她的时候,我大学还没毕业,在一家公司实习,浑身上下都有一种戾气。想要尽快出成绩,于是就拼了命地表现自己。用力过猛,反而跌了跟头。

有次例会上,我不顾实际地大包大揽了一个项目。因为经验不足,加上不自量力,项目失败了,风头没出到,却给领导留下了不好的印象。

A姑娘和我是在同一时间进的公司。她给我的感觉,温和又温顺。作为新人,总是容易被人差使。有人使唤我,我就找个借口搪塞。时间一长,也就没人叫我了,全都使唤A姑娘,谁让她很听话呢。

那时我觉得,她真是傻。可后来我们这一批人里,留下的人却是她。主管跟我关系不错,她私下里说,你别看A好使唤,她一直偷偷跟着前辈们学东西呢。

据说我走后不久的一个大项目,总监直接点名让A负责。项目的难度有点儿大,时间也有点儿赶,但她不急不缓,思路清晰地一一攻克难关,将任务完成得很漂亮,让所有人刮目相看。在她身上,我慢慢了解到，走得慢一点儿，才能走得稳一点儿。

而我的朋友露露，她的底色是不安分。

大学毕业后，露露先是在化妆品公司上了一年的班。边上班，边做微商。微店做大后，她辞职捯饬了一家实体店，生意兴隆，事业红火，我们只有艳羡的份。就在这时，她又利用业余时间，拾起写作的爱好，做起了自媒体，并且很快吸引了大批粉丝，店里的化妆品生意也因为粉丝的捧场而越发好。

以前我们都觉得她太能折腾，后来才知道，不安分的人生，才会有不一样的精彩。

再来说说我的小姑，四五十岁的人，看起来永远是恬淡的样子。小姑喜欢读书，家里的书摆放得井然有序，每天按照顺序来读。不需要读太多，一点点就好。但长久坚持下来，那种因为文字修炼而来的涵养，是一个女生最好的化妆品。

放眼望去，身边那些有个性的女子，大多都有自己的底色。

有的性感，有的冷艳，有的甜美，有的豪爽。不去刻意模仿别人，坚持做自己，保护好自己的底色，这样的女生走在人群里，任何时候都是风景。

笑得漂亮，才能赢得漂亮

闲来翻《诗经》，读到《卷耳》，爱不释手。女子曰，"采采卷耳，不盈顷筐"。征兵的丈夫回应，"我姑酌彼兕觥，维以不永伤"。

"维以不永伤"，轻声念这几个字。隔着时光，仿佛看到那个年代里，征兵的男子且把大杯斟满酒，从而不让自己的心里老是悲伤。借酒消愁，应该愁更愁。可至少，还存有期待，期待有一天再也不受伤。

永不受伤，多好的愿望。可它，只是愿望。因为即便是现世安稳的生活，也还是有那么多的hurt（伤害）和忧愁在我们心底起起伏伏。而我们也必须承认，漫长人生路上，总有各种不美好，隔三岔五跑出来凑热闹，搅乱一池春水。

蛰伏了一个冬天，计划出行的早春，一场突如其来的大雨，让期待已久的踏青计划遭到搁浅；连续多天加班，好不容易可以赖床的周末，却一大早听到装修房子的噪声；难得起个早，比平时早半个小时出门，中途却遭遇地铁故障……这些随时跳出来的不美好，总是出其不意地破坏我们的心情。

但更沮丧的是，谈好的单子，中途变卦；暗恋已久的姑娘，牵起了别人的手；努力了很久的升职机会，到头来竹篮打水一场空……Hurt总是这样不请自来。能怎么办呢？除了保持一颗赤诚之心；除了期待有一天，never hurt（不再受伤害）。

有期待，总是好的。因为生活，从来不会一直甜美芬芳。遭遇hurt，我们也要对生活持有最初的热情。内心强大，外表温和，与hurt握手言和。

不妨就尝试着，原谅这些不美好。

原谅飞机晚点，原谅交通堵塞，原谅天空不够清澈，原谅蔬菜不够新鲜，原谅阳光不够明媚，原谅昨天同事对你的不友善，原谅今天领导对你的态度糟糕，原谅亲人没有及时送上关心……也原谅人生，不够圆满。

因为不论我们多努力，生活永远不可能一直美好。总有各种不美好，挡在人生的岔道口。与其被这些小缺憾弄得心情糟糕，不如原谅那点儿不美好。因为和不好的事情死磕，最终坏了的，还是自己的心情。

既然歌舞升平，太平盛世不过是一个奢侈的梦，我们又何必辛苦地追着美好奔跑？不妨怀一颗柔软之心，去原谅不美好。

原谅别人对自己不够好，也原谅自己本身不够好。与朋友相处，不苛求对方；与自己相处，不苛求自己。原谅自己不够优秀，原谅自己不够努力,也原谅自己偶尔胆小怯懦;原谅最好的朋友没赶上你的婚礼,原谅最不喜欢的人和你分在一个团队,也原谅最爱你的人偶尔对你翻脸……

将时间浪费在糟糕的事情上,岂不是对生命的辜负?不如将这些精力用来完善一个更好的自己,去相信美好,接近幸福。

即便身处困境,我们也要在无望中寻找希望。只要我们坚定不移地往前走,风景会出现。只要我们目光坚定地不回头,hurt会留在身后。

从此刻开始,学着原谅身边的不美好。与之握手言和,下一站,也许就柳暗花明。因为笑得漂亮的人,才能赢得漂亮。

唯有期待,有一天,我们的内心足够强大。于是任何hurt,都不过是过眼云烟。也唯有期待,有一天,我们可以坚韧、勇敢、温暖地与生活和平相处,真正做到never hurt。

一个人也要把日子过成绸缎

刘瑜在《送你一颗子弹》里写道:"一个人也要像一支队伍,对着自己的头脑和心灵招兵买马。不气馁,有召唤,爱自由。"

我忍不住惊叹,一个人像一支队伍,那会是怎样的气场?

也许人生最难得的,就是拥有陪伴自己的能力,自己让自己幸福。

即便是一个人,也能将日子过得出彩。即便是一个人,也能自己和自己玩。

我见过很会和自己玩的人。

街角杂货铺的那个阿姨,时常见到她坐在店里,埋头绣着手里的十字绣。小店的生意不是很好,可她并不焦虑,每天都是一副很乐呵的样子,偶尔也会和来往的熟人聊聊天。她的人生看起来有点儿没追求,可她脸上的笑容可真是好看啊,会让你忍不住想到幸福这类的字眼。

有个做服装设计的女同学,当男友加班,她没有约会的时候,衣柜里的衣服就要跟着"遭殃"。因为她会在镜子前，自娱自乐地玩各种混搭。然后在朋友圈秀搭配心得，让你不由得感叹，原来这姑娘一个人的时候也能玩得这样high（尽兴）。

说起IT（网络技术）男，可能你会想到技术宅。可有次我在摄影展上认识的那个IT男，看起来又幽默又风趣，拍出来的照片像是有灵魂。聊完才知道，几乎每个周末，他都会背着相机出门，跟着镜头发现这个世界办公室之外的美。

可是，我也见过不会和自己玩的人。

同事C姐每天上班，总是不停地倒苦水，抱怨男朋友太忙，忙到没时间陪她。她想吃火锅，他要加班。她想出去旅行，他没时间。她想看电影，他说要休息。生活有点儿无聊，也有点儿无趣，于是就不停地抱怨。时间一长，她负能量满满。而她的爱情，也越来越看不清走向。

我的女友玲玲是个社交达人，她微信上的好友，遍布各行各业。玲玲热衷于呼朋唤友，有点儿害怕一个人待着，隔三岔五就约一群人出去凑饭局。可有次喝醉了的她，却在电话里哭着说："为什么最难过的时候，不知道该打给谁？"后来她承认，其实每次狂欢完了回到家，马上就会陷入新一轮的空虚和寂寞。

还有邻居家那个刚刚退休不久的叔叔，像是一夜之间变得消瘦。习惯忙碌的他，突然不用去上班，有点儿六神无主。他不肯去小区楼下和老人们下棋，也不愿去公园里跳舞，整天待在家里跟桌子生闷气，跟电视机生闷气，跟家里人生闷气，浑身都是满满的怨气。

不会和自己玩的人，看起来真是有点儿糟糕。

其实一个人的时候，明明也可以过得很好啊。读书，看电影，玩自拍，打游戏，吃顿大餐。甚至可以关上窗，闭目养神听上一段音乐。或者在晴朗的午后，坐在阳台上发个呆。

我记得有次无意中在一个作家的博客里，看到这样一段话，她说，"一个人生活，就要把自己的日子弄成锦缎。有人约就整整齐齐地出去，没人约就告诉自己这是读书时间，塞张光盘进碟机，看着看着就睡在沙发上。"

说得真好。把自己的日子弄成锦缎，自己也能陪伴自己，可不就多了一份淡定神闲。人生的路有点儿漫长，确实只有自己将日子折腾好了，才能给身边的人带来幸福。

不如尝试着一个人的时候，自己和自己玩。一个人的时候，过得像一支队伍。有了陪伴自己的能力，才会有幸福的底气。而这样的成长，都是因为站对了位置。

Chapter 4
你努力的样子，看起来还挺美

逐渐学会接受后来的自己不是曾经预想的样子，这是成长，也是功课。

你努力的样子，看起来还挺美

小满是我的大学室友。

2012年，我以压线的分数，考进省内一所二流大学，内心欢呼雀跃得像个拿到了糖果的小孩儿。随心所欲的这些年，能上本科，对我来说已经是额外的垂青。

这种隐秘而微妙的喜悦，一直持续到大学开学。那天，当我推开宿舍门的时候，小满正哼着不着调的歌，一个人自娱自乐地铺被子。看到我，她莞尔一笑，跟我打招呼说"你好"。简单的两个字，夹杂着浓厚的乡音。

可是你知道吗？就是这个普通话糟糕得让人着急的姑娘，有天却拉着我去广播站报名播音员。我狐疑地看着她，问："Are you sure（你确定吗）？"她坚定地点头，说："试试呗。"

面试那天，小满姑娘一开口，台下笑成一团。我却被她这种"不自量力"的样子所打动,轮到自己上台的时候,我第一次用尽百分的努力去做一件事。后来的录取名单里没有小满,我却阴差阳错进了广播站。

这之后的很多个早晨,总能看到小满站在操场上,旁若无人地朗读文章。晨光中的她,执着得有些傻气。那也是我第一次发现,原来认真努力的姑娘,看起来真的很美。

小满来自偏远乡镇。开学那天,她的口袋里仅有五十块现金。这四年,她总是行色匆匆,拼命读书,努力做兼职。就像深山里走出来的野玫瑰,活得很用力。

有次我忍不住问她:"有必要这么拼命吗?"她笑着回我:"没听过那句话吗?没有伞的孩子,就只能努力奔跑。你看,只有这样,我才能填饱肚子啊。"

我被这句话震慑住了。想起宫崎骏动画片里的一句话:"起风了,唯有努力生存。"

你要问后来的小满,对吗?很遗憾,可能会让你有点儿失望。因为这样努力的她,后来也只不过是这座城市的大街上,一个极其普通的女孩子。这些年,她还清了助学贷款,有一份尚且稳定的工作。可是,单就这些,她也要付出比我们更多的努力。

因为小满,22岁之后的人生,我再也没有无知而狂妄地说过,那么努力有什么用。

对于这个世界上的有些人来说,努力只是为了过上普通人的生活。

Emily是我在南京实习时,遇到的第一个女上司。

那是2014年的暑假，我因为一个男生而急吼吼地奔赴一座城。那时我所谓的人生理想，不过是找份清闲的工作消磨时间，每天准时回家，为心爱的人洗手作羹汤。

很不幸，我的上司Emily无比热衷于工作这件事，加班是家常便饭。

Emily比我大五岁。她很漂亮，不是那种简单地长得好看，而是一种精致到骨子里的大气与从容。见到她的第一眼，我有些肤浅地困惑：这个女人明明可以靠脸吃饭，何苦这般辛苦地跟事业死磕？

我和Emily气场不合。有天，她将我连夜改的方案批得一无是处，我据理力争，做好被她炒掉的准备。可中途她突然停下来，看着我，笑着说："能这么牛哄哄地跟上司顶嘴，大抵是有退路吧？"

她说得对，我有退路。

我的学长男友说，赚钱养家是男人的事，你负责貌美如花就好。情话真好听。可就在这一年夏天，他却毫无征兆地劈了腿。

我的天空像是缺了一个角，瞬间塌了下来。下班后，我一个人跑去酒吧喝酒。喝到后来，说不清为什么会给Emily打电话，只是下意识地觉得，这座城市找不到比她更合适的人来倾诉悲伤。

那天是我第一次见到Emily的男友。我一直觉得，像Emily这样强势的女人，就该孤苦伶仃一个人，可坐在她身边的这个男人，明明就是传说中的高富帅。重要的是，看向她的眼神，有饱满的爱意。那也是我第一次见到工作之外的Emily，很温柔，也很可爱。

那个夜晚，Emily安静地陪我聊天，像多年的老友。第二天，我收到她的一封邮件，她说："知道吗？有时看到你，就像是看到多年前的自己。你昨天问我，为什么要拼命工作，我的答案是，努力一些，也许就能在爱情里从容一些。"

想起很久前的某本言情小说里，有这样一段话："我认真学习、卖力考试，辛辛苦苦打拼事业，为的就是当我爱的人出现，不管他富甲一方，还是一无所有，我都可以张开手坦然拥抱他。"

是Emily让我知道，好的爱情，应该是各自独立，再努力走到一起。

后来，我去了上海，很用心地经营事业。再后来，也变成了很多小姑娘人生当中第一个女上司。偶尔我也会借用Emily的句子，来善意地提醒她们：女孩，努力工作，这很重要。

K小姐是我的高中同学，我们失联很多年。和她重聚，是在2016年的8月，我去北京出差。

出发前，我在签名上挂出"谁在北京，有事相问"时，第一个跳出来的是K小姐。电话那头的她，声音明快干净。我很难将她和记忆里那个忧郁沉默的小女生联系在一起，有种断片的不真实感。

特别是第二天，当我在首都机场的出站口看到她的时候，忍不住瞪大眼睛，感叹时光在她的身上做过怎样的手脚。眼前的她，穿修长连体裤，踩八厘米高的高跟鞋，干练且漂亮，有种气定神闲的自信。

我想起高一那年，毫无存在感的K小姐突然宣布退学。这件事，并未引来多少惋惜。毕竟以她的成绩，按照正常的轨迹，未必就能在两年后考上大学。

K小姐搬着书本离开的那个黄昏，带着一意孤行的孤独。那时我还是个小文青，她的背影让我想起了莱蒙托夫的一首诗："一只船孤独地航行在海上／它既不寻求幸福／也不逃避幸福／它只是向前航行／底下是沉静碧蓝的大海／而头顶是金色的太阳……"

而眼前的K小姐，像是被时光点石成金了。

她在京城和男友开了一家装修设计公司，爱情美满，事业顺利。毫无疑问，这是个励志的故事。你能想象吧，在大学生一抓一大把的京城，谁会相信一个没有学历、没有经验的小丫头片子可以玩设计？K小姐和我在簋街吃着美食，聊起往事的时候，处处轻描淡写，却还是听得我热血沸腾。

在K小姐身上会发现，努力这件事，有时可以让我们在主线之外，多条副线。就像里尔克在诗里写的："他们要开花，开花是灿烂的；可我们要成熟，这叫甘居幽暗而努力不懈。"受她启发，我花了一整晚的时间，研究客户的个人偏好。然后滴酒未沾，顺利签下了一笔大订单。

有些路走不通时，不妨拐个弯。肯努力的话，哪条路都能通罗马。

最后，我想说说90后姑娘，Judy。

2017年4月，团队的team building（团队建设），选在天钥桥路的豆捞坊。觥筹交错间，窗外的阳光明媚得耀眼。就在上个礼拜，我们尚且在为一个重大项目，每天加班到深夜。这群人里，也包括Judy。

Judy是本地人,也是传说中的"拆二代"。她家在闵行有三套拆迁房,而她那100平方米的单身公寓,位于魔都中环。有人揶揄她:"我们奋斗一辈子也赶不上你,你又何必这么辛苦?"古灵精怪的Judy慢悠悠地答:"人生那么漫长,如果不努力做点儿什么,一辈子得多无趣啊。"

有人说她矫情,可我真是喜欢这个答案,像是回答了我青春期里的困惑。

十七八岁的年纪,人人都在意气风发地往前赶路,马不停蹄地力争上游。我却悠然自得地觉得,不那么努力也很好啊,人生又不能"一日看尽长安花"。

是在很多年之后才知道,关于努力这件事,有人是出于热爱,有人是为了生活,还有人仅仅只是不想让人生太无趣。就像知乎上有人说的:"如果一辈子都满足于吃回锅肉的话,那肉夹馍和锅包肉怎么办?"

而当我回过头来看那个当初说着"我才不要努力"的姑娘,忍不住在心里感叹:年轻真好,一切想法都可以被原谅。快意恩仇是对的,胸怀大志是对的,与世无争,无所事事也没错啊。可后来,那些出现在我生命中的姑娘让我明白:任何事都值得全力以赴,努力永远是成长的真命题。

我从来没告诉过她们,我真是喜欢她们低着头向前赶路的样子,看起来还挺美。

让未来的你，感谢现在的自己

小茹是我的高中同学。高考时，她发挥失常，没考上大学。正好那会儿，她家有个远房亲戚在大上海开美发店。家里的意思是，与其浪费时间去复读，不如趁早出去赚钱。这年头，大学生遍地都是，学门技术反而更好混饭吃。

小茹一开始是不情愿的，以她平时的成绩，复读一年，考个普通二本应该没问题。但暑假跟着亲戚去上海体验了一番生活后，小茹动摇了。灯火通明的大城市，让小茹想尽快融入其中，不再想着复读的事。

当我们这些同龄人还在花着父母的钱上学时，小茹已经开始拿工资贴补家里了。于是大人们常说，读书有什么用？还是小茹厉害。

可一年后，却听到小茹回去复读的消息。我们都有点儿惊讶，小茹说："和同龄人比起来，我是挣到了钱，但要想有更好的发展机会，我必须要让自己有足够的资本。以前，是我太着急了。"

这一年，小茹20岁。我对她印象最深的一句话是，如果只顾眼前，可能你会比别人走得快一些，却很难走得远。其实生活中，很多人在做选择时，都倾向于即刻的满足，而放弃未来的回报。偏向于当下的利益，而忘记自己内心真正想要的东西。

打个比方来说，如果你这个月拿到2000块钱额外奖金，这笔钱，你决定花出去。那么，你是会选择买一件垂涎已久的名牌大衣，还是选择报一个理财班，让自己学一些理财知识？

买大衣，可以得到即刻的快乐；而报理财班，需要长期投入才能看到效益。可能你会说，现在一个月就挣那么点儿钱，哪里需要理财？于是你没怎么犹豫，就去把大衣买了回来。但实际上，报班学习，你才能学到真本事，在未来收获更多的财富。

我们很多人在生活中，都会下意识地去选择马上能见到效益的事。因为给未来的回报打折，好像是人类的天性。而等待回报的时间越长，回报的价值对我们来说越低。

未来这个词，有很大的不确定性。面对诱惑，你会给未来的回报打几折？和商品的价格一样，九折还是一折，相差甚远。如果你能把折扣打得少一些，目光看得远一些，未来可能会带给你意想不到的回报。而如果你一折清仓处理，满足了现在，可能就是放弃了一部分美好的未来。

我有个女友，年轻时很漂亮，自然不缺追求者。其中，A先生和B先生追得最卖力。对比起来，她更喜欢B先生，但B先生家在农村，估计得奋斗两三年才能买得起房。而A先生有房有车，只等她嫁过去，成为女主人。在旁人的劝说下，女友选择了A先生。

十年后，B先生成了社会精英，时不时带着家人去旅游看世界。而A先生每天的人生乐趣是下班回来打游戏，和女同事暧昧。她一说，他就怼回去："我们什么都有了，还有什么不满意的？"

当然后悔过，但女友说，"作为成年人，得为自己的选择买单。"

我曾经有个上司，职场上风光无限。可公司体检时，他却查出胃癌。还好发现得早，及时手术，捡回一条命。回来后，他辞了职。他说："以前太忙了，以后我想分出一些时间给自己和家人，要不然赚了钱又有何用？"这些年，他确实一直在忙于工作，和女儿不亲，疏于照顾父母，而他自己的身体更是发出了警示。

无论是女友还是上司，他们都在人生的某一阶段，犯了同样的错误。那就是选择了眼前，而忽略了长远。

那么，我们应该怎样让自己尽可能不给未来打过低的折扣呢？其中有个很有效的方法是：做任何选择前，给自己预留十分钟的时间。用这十分钟去思考，是眼前立竿见影的快乐重要，还是放弃当下的短暂满足，去探寻美好的未来重要？

这样的十分钟，不能保证你能做出万无一失的选择，但至少可以让你冷静下来，做出稍微明智一些的选择。

而我们在生活中，不妨多设想一下未来的自己，尽可能拒绝诱惑，降低对未来的折扣率。这样一来，多年后的那个你，一定会感谢现在的你。

我们一定都不要做涸泽而渔、饮鸩止渴这类目光短浅之人。

熬过最难熬的日子，便是阳光满地

2015年夏天的一个早晨，赵佳静骑着自行车，穿过小城的街道，在巷口慢悠悠吃掉8个小锅贴，就着腌制的萝卜干，喝完一碗白米粥。十分钟后，到达县文化馆。

新一天的工作，从烧一壶热水开始。然后打开电脑，浏览新闻。八点半，同事陆续到齐，开启八卦吐槽模式。各种家长里短，让她有点儿烦躁。

她习惯性地打开豆瓣，无意中看到有人发起的线上活动：此刻你在后悔什么吗？赵佳静心里的某种情绪瞬间被击中。以至于主任叫了她半天，她才回过神来。

主任说她昨天做的会议纪要没有重点，赵佳静听他语重心长地唠叨了半个小时后，渐渐失去了耐心。她想起四点半下了班，要去和今年的第十五个相亲对象相亲；想起学广告专业的自己，现在连基本的广告术语也忘得一干二净。心里前所未有地厌倦。

这是赵佳静大学毕业后,回到小城的第二年。这两年,她除了写枯燥的会议纪要,好像什么都不会。

就在那天晚上,赵佳静突然做了个决定:她要去上海。她想在三十岁之前,至少让人生看起来有那么一点儿光。

上海一直是赵佳静的心之所往。在新天地听姑娘唱一首《夜来香》,在田子坊看一眼弄堂里的小风情,在外滩听一听黄浦江上的鸣笛声,在淮海路的CBD(中央商务区)体验一番大都市的节奏……光是想想,就觉得很美妙。所以,她为什么要将自己的视野局限在一隅之地,为什么要在24岁就过上一眼望到头的人生?

这个决定,如她预料,掀起轩然大波。有人好心相劝,有人冷嘲热讽,但赵佳静义无反顾,意气风发,任何人也阻挡不了她去看一看世界的决心。

那个夏日的黄昏,当赵佳静坐上开往魔都的火车时,心底有蓬勃的喜悦喷薄欲出,像是要奔赴似锦的前程。在上海火车站熙熙攘攘的人群里,从车厢里纵身一跃的瞬间,她告诉自己,这里才是能真正触摸到梦想的地方。

出发前,赵佳静在豆瓣网租房小组,联系好了合租室友王芳。其实她有不少老同学在上海,但在没找到一份合适工作之前,她不想联系他们。王芳和她同岁,在上海读的大学,毕业后留了下来。其实她和王芳也不算陌生。之前两人在豆瓣网上,给同一本书写过书评。后来在"豆油"上聊过天，这次刚好在租房小组遇到，两人都感叹缘分的奇妙。

到上海那天，刚好是周末。赵佳静几经周转，总算找到位于浦东三林的金光小区。来给她开门的王芳，笑着说："Hi（嗨），欢迎来到大上海。"她身上由内到外散发出来的朝气和活力，让赵佳静万分确定，自己的决定是对的。

但赵佳静很快就感觉到这座城市的残酷。原来她花一千块钱租的房子，只不过是客厅隔出来的15平方米的小单间。去楼下买日用品时，她去中介那儿一问，才终于相信，魔都的房子果真是贵得吓人。在上海的第一晚，赵佳静失眠了。

找工作，也并没有想象中顺利。

在网上投的简历，接到的电话多半是销售或者客服。一个礼拜过去，总算有家广告公司通知去面试。赵佳静倒三班地铁，到了才发现是一家新成立不久，目前在小区里办公的公司。加上老板，总共有三名员工。赵佳静果断放弃。

半个月过去，工作还没定下来时，赵佳静就有些干着急。招聘会上，有人替她惋惜："学校和专业都不错，可惜没经验。"有人好奇："在文化局待着不是挺好吗，多少人想要的铁饭碗？"赵佳静无奈地笑了。

渐渐就变得没那么敢挑剔了。

当一家没听过名字的公司发来录取通知时，赵佳静决定去报到。不就是做助理吗，谁让她荒废了两年，毫无经验。可上班第一天，当赵佳静得知，她的主管Betty和她同龄，且只不过毕业于一所名不见经传的大学时，心里多少有些失衡。

那是一段有点儿黯淡的时光。以前在办公室里被称为"电脑高手"的赵佳静，在这家原本她还有些瞧不上的小公司，深刻地感觉到人外有人。Word（文档处理软件）、Excel（表格处理软件）算什么，他们精通Project（项目管理软件）和Vision（视觉采集软件）；英语六级算什么，有人早就拿到了高级口语证。好像人人都有一技之长傍身，她只能在夹缝中求生存。

那天开新项目的会议，Betty让每个人提想法，轮到赵佳静时，她支吾了半天，也没说出个所以然。Betty说的话就有些难听："你这两年都干吗去啦？Sorry（对不起），我们这儿不养闲人。再这样下去，你自己看着办吧。"

被自己的同龄人说得这般一无是处，赵佳静很想特别有骨气地扔一封辞职信，却又不得不冷静下来。回到家，她忍不住趴在床上，一个人哭了起来。

下班回来的王芳听到哭声，敲门进来，问："妞，你怎么啦？"

赵佳静将委屈全都倒了出来，她问王芳："我凭什么被她呼来喝去？"

王芳看着她，特别平静地说："就凭她是你上司，就凭她懂得比你多，能力比你强啊。这些理由，还不够吗？亲爱的，上海有点儿残酷，但你不觉得这也正是这座城市可爱的地方吗？在这里，只要你有真本事，肯努力，它就会给你足够的尊重。"

赵佳静愣在那里。

王芳给赵佳静泡了一杯柠檬水后说:"我进屋看书去了,后天要考试。记住,只要你有能力,没有谁能遮挡住你的光芒。"

赵佳静突然就被点醒了。

不论是Betty、王芳还是她的那些同事,时刻都在保持学习的状态。考证、报辅导班,每个人都在积极向上。而她呢,早就落后了一大截,还凭什么抱怨?是时候向过去的那个得过且过的自己,做个告别了。

随之带来的改变,是惊人的。

2015年冬天,赵佳静开始单独负责项目策划;2016年秋天,顺利升职,做了主管;2017年春天,跳槽去了一家4A公司,实现了她穿职业装,出入淮海路CBD的梦想,也实现了她做一个真正广告人的梦想。可也是在这一年的冬天,王芳回了老家。

临走前,她对赵佳静说:"我在上海待了九年,我爱这座城市,但我没有房子、没有户口,这里没有我的家。所以,我决定回去了。"

王芳的离开,让赵佳静逐渐领悟到,外面的世界很精彩,外面的世界也很无奈。她想过回去,却没有勇气。

直到那个和她谈了一年恋爱的上海男孩,突然和她提出分手。理由是,他母亲要他找本地女孩。赵佳静起初很生气,她在心里恶狠狠地想,如果我在静安有套100平方米的大房子,你还会在意我是外地人还是本地人吗?后来,她又突然释然了。生活在这座城市,每个人都不容易。势利一些,也并没有什么错。

2017年8月，是赵佳静28岁的生日。她在朋友圈里感叹，又老了一岁。有个很久不联系的高中男同学跳出来说："赵佳静，你愿意回来和我一起开家广告公司吗？"

犹豫了一段时间后，她就真的回去了。

赵佳静将大城市学到的思想，在这家小公司加以运用，工作开展得还挺顺利。赵佳静很开心，她觉得自己真正地是在做一份事业。而她的老板，也就是她的那个高中男同学很欣赏她，他们谈起了恋爱。

爱情和事业，最终还是在小城尘埃落定。可她特别感谢24岁时，那个义无反顾，一心想要去大上海的自己。那座城市，教会了她很多美好的品质。譬如坚强，譬如独立，譬如在最大的压力下，也能乐观地笑一笑，譬如时刻让自己保持学习的状态。这些品质，都将是她人生里的不动产，谁也抢不走。

说起世界那么大的时候，赵佳静会笑着说，总要去看看啊。看一看世界，归来的时候，你会发现一个更好的自己。

成长的第一步,是要熟悉失望

心里住进一只小怪兽

2007年冬天,我陷入一种焦虑的状态。骑着单车穿过小城的街道时,心底有忽明忽暗的恐慌,以及无以言说的忧伤。

我清楚地知道焦虑之所在。

喏,看到了吗?街头那个卖水果的姐姐,住我家楼下,曾经弹得一手好钢琴哩。每次看到她,总有几分惋惜爬上心头;年少时的堂哥,多仗义、多侠骨柔情啊,可那天,有朋友来借钱应急,我亲眼看到他拒绝得轻松自在;表姐那几年在爱情里兜圈,谁都不入眼,她一定是忘了吧,年少时,有个男生只不过送了条围巾,就让她甜蜜了好多天……

那年的我,那个十八岁的我,很想问问他们,你们喜欢这样的自己吗?

我不喜欢这样的他们。我还特别害怕，未来的某一天，我会和他们一样，没有成长为自己喜欢的样子，而是淹没在人群中，变成了自己讨厌的样子。

这种害怕，像一张网，将一个十八岁的女孩困进了无尽的忧愁里。内心深处，像是防不胜防地住进了一只小怪兽，整日诚惶诚恐，不得安定。

藏在心底的凌云壮志被惊醒

而这种纠结与惆怅的情绪，一直蔓延到2012年的夏天，我读完大学。

毕业的哨声一吹响，我就马不停蹄地拖着行李箱，坐上了开往上海的火车。我心情迫切，刻不容缓，好像去晚了一秒钟，都是对这座城市的辜负。

其实，我已经迟到了四年。

高考后的那个暑假，我过得极度狼狈。楼下信箱里收到的录取通知书，盖的是淮南的邮戳。而我心之所往的，明明是上海。心底的忧伤无从排解，只好趴在床上哭得天昏地暗。那时想，亦舒说得真是贴切啊："成长的第一步，是要熟悉失望。"

如果你和我一样，也曾被梦想折过腰，大概就能理解，四年后，当我走出上海火车站时，内心有着怎样的波澜。那种快要溢出来的喜悦，又新鲜又饱满。如同四月微风中，吹来的淡淡青草香；又像是七月的午后，一场倾盆大雨带来的愉悦酣畅。出租车外，是深夜的上海，路灯发出橘黄色的光，心底有暖意。

师姐帮我租的房子，在浦东三林。中外环之间，30平方米的合租房，月租1200元，押一付三，我爸说他再养我三个月。躺在床上，我对着天花板，学着韩国人，一遍又一遍地对自己喊"fighting（加油），fighting，fighting"，藏在心底的凌云壮志被惊醒，争先恐后地"蹿"了出来。

但这座城市很快就向我露出狰狞的一面。二流学校编剧专业的应届生，处境颇为尴尬。晃悠了两个月后，我在电话里辩解，我只是不想从一开始就做自己不喜欢的事而已。我爸回我："你不去尝试，怎么就知道不喜欢呢？"

第三个月，我做起了销售。妥协的原因很简单，我再也不好意思开口，让我爸给我付第四个月的房租。

感谢世博会，让我人生中的第一份工作听起来不致太跌份。我在世博园卖了三个月的纪念品，如同老农民一样"日出而作，日落而归"，收成和付出不成正比，却也让我在世博会结束后，顺利进入一家德企，做了我热爱并愿意为之奋斗的工作。录取我的boss说："能将一件烂大街的旅游纪念品卖出品位，你会是好的广告人。"

在这家公司，我一直待到今天。并没有成为你们想象中的女强人，却也让我在这座城市可以游刃有余地生活，不致捉襟见肘。而我时常忍不住感叹，我现在拥有的一切，其实都得益于第一份工作带来的福气。

有一天，我坐在午后的阳光里看书时，无意中读到一句诗："我得到了安然的睡眠／便同时失去了黑暗中憧憬的星星。"我拿起铅笔，在旁边写："我失去了黑暗中憧憬的星星／却得到了安然的睡眠。"

真好。比起所失，现在的我，更愿意看到所得。

所谓成长，大抵就是以前在意自己失去了什么，后来更愿意看到自己在失去的过程中收获了什么。得与失之间，自己与自己达成了和解。

不是所有的鱼都生活在同一片海

2017年元旦，我高中最好的闺蜜米莎，在小城大婚，而我缺席了婚礼。

她没有发出邀请，而我装作不知。我俩耗尽闺蜜间最后的一点儿默契，心照不宣地想要规避见面后无话可说的尴尬。

可当我在朋友圈看到婚礼现场的照片时，心底的失落还是漫无边际地蔓延开来。我俩信誓旦旦地说过，无论山高水远，一定要做彼此的伴娘；也极其认真地设想过，房子要买楼上和楼下；甚至开玩笑说，要是能嫁一对双胞胎就好了……时光有些残忍，十年过去，我们毫无征兆地成了最熟悉的陌生人。

小意的电话打进来时，我正难过得想要落泪，她在那头简明扼要地说："西藏南路100号，速来，带你蹭饭。"

挂断电话，镜子里的我，脸上的忧愁渐渐散去，不自觉有了浅浅的笑意。一边换衣服，一边想起2012年，当我拖着大包小包抵达学姐帮我找的合租屋时，这个叫小意的姑娘，面无表情地帮我打开门后，便哈欠连天地折回了自己的房间，我的一句"你好"只好悄悄地咽了回去。但后来，她却成了我在这座城市里，收获的珍宝。

米莎的伴娘不是我，我最好的闺蜜也变成了小意。友情这辆车，有人进来，就有人缓慢地离开。村上春树说，"不是所有的鱼都生活在同一片海。"

十八岁时，我有一个包括米莎在内的，庞大的闺蜜团。我掏心掏肺地对每一个人好，生怕自己不小心的怠慢，就会失去一个朋友。十年后，我变得吝啬起来。身边重要的人越来越少，但这些重要的人也越来越重要。

我和小意，我们的房子，买在楼上和楼下。

给我端来一盘圣女果

我在上海的第二年，遇见K。然后谈了一场继初恋之后，声势浩大且伤筋动骨的恋爱。

K很有才华。白天，他是华山医院的外科医生，晚上却是新天地酒吧的驻唱。切换的空间有点儿大，我没办法掩饰对他的好奇，以及迷恋。

是有过浓烈的爱情啊。夏天的夜晚，我们沿着淮海路一直走一直走,像是永远走不到尽头;冬日的午后,我们坐在复兴公园的藤椅上,安静地晒太阳,恨不得把骨头晒软,把情话一次性说够……可来年春天的时候,他说:"我们分手吧。"

所有刻骨铭心的爱恋,都在这个季节,销声匿迹。

有多少一根筋的姑娘,和曾经的我一样,在分手后的很长一段时间里,都在苦苦追寻一个答案。当我第五次喝得云里雾里时,小意姑娘一声怒吼:"你有完没完?原因很简单,就是他从头到尾都不够爱你。"

小意在Word里罗列出K不爱我的二十条理由。我不愿意打开,因为我能列出比这更多的,他爱我的理由。深陷爱情里的人,总是容易自动屏蔽掉苦,只想起其中的甜。

可是有句话说得好啊,"不要惊动,不要叫醒,等她自愿醒来"。

当我从这场虚无的梦里醒来时,终于不再是"祥林嫂"般愁眉苦脸地嚷嚷,看,我失去了一片天空呢。而是从容不迫地说,呵,我拥有了另一片森林。

在遇见良人之前,我谈了一场又一场恋爱。活成了十八岁那年,自己鄙夷的样子。实际上,这没什么不好,因为Mr.Right(对的人)不会第二天自己出现在门口。

哦,你要说,真心离伤心最近,对吗?不动心才不会伤心,对吧?可我更喜欢泰戈尔说的,"相信爱情,即使它给你带来悲哀。有时爱情不是因为看到了才相信,而是因为相信了才看得到"。

写这句话时,我的Mr.Right正给我端来一盘圣女果。

给18岁的自己一个拥抱

2017年情人节，是我28岁的生日。

想起十年前，我在数学课上勾勒的个人蓝图：25岁结婚，27岁生小孩儿，有随时能凑饭局的声势浩大的闺蜜团，有一份光鲜亮丽且牛气哄哄的工作。要漂亮，要睿智，要收放自如；要保持童心，不忘初心；要全力以赴，不辜负生命的饱满与厚重。

很遗憾，我没能活成当年自己喜欢的样子。也许并不是我忘了初心，而是当年的初心在后来的时光里，变得没那么重要。

我喜欢的作家黄碧云说，"生命是你期待莲花，长出的却是肥大而香气扑鼻的芒果"。当我在图书馆里再次偶遇这句话时，突然很想给18岁的自己，一个拥抱。拍拍她单薄的肩膀，告诉她，不用怕，尽管十年后的她，没有活成当年自己喜欢的样子，可这又怎样呢？现在的她，过得很好。有能力，有担当，有让"繁花之上再生繁花"的情怀，也有"走过荒凉的河岸仰望夜空"的底气。

期待莲花，长出的却是芒果。有人看到惊喜，有人看到失落。逐渐学会接受后来的自己，不是曾经预想的样子，是成长，也是功课。

简单的,才是最昂贵的

想讲的第一个故事,是我的高中同学小葵。

想起小葵的时候,我的眼前时常浮现出一个场景:夏天的傍晚,小葵在晚自习铃声响起的前一分钟,气喘吁吁地跑进教室。她额前的汗水,就像一颗颗晶莹剔透的珍珠,缓缓地淌下来。有一次我忍不住问她:"提前五分钟从家里出门,不就犯不着这样拼命地赶时间了吗?"她从书堆里抬起头,淡淡地回我:"但这五分钟能多背好几个单词呀。"

我在这样的答案里,有点儿自惭形秽。

小葵的课桌上,用红笔写着一行字:不积跬步无以至千里,不积小流无以成江海。人生前二十三年,她的人生关键词是"积累"。因为日复一日的积累,她顺理成章地进了名校,顺理成章地拿到了外企的offer(录取通知书)。在她的身上,我看到厚积薄发,以及水到渠成。

但后来有两三年吧，小葵鲜少出现在大家的视野里。说起她的时候，有人会一半艳羡一半小有嫉妒地说，学霸姑娘在京城风光着呢。我们原本以为，小葵会沿着这条风光无限好的道路，继续阔步地往前走，继续活成我们这些普通人心中的典范。

可2017年，当我在京城见到小葵的时候，才知道她在一年前辞了职，重新回校园考了研究生。她现在的人生愿望，是等研究生毕业，回南方小城当个教书匠。

面对我的困惑，小葵笑着说："你知道吗？这些年我一直在给自己的身上贴标签，活成大家期待的样子，过的却不是自己想要的生活。所以未来的路，我想跟着自己的心来走。不喜欢的东西，就一一删除。"

那晚的后海，灯火通明，美得像个奢侈的白日梦。我听小葵绘声绘色地描述未来时，不由得想起有人说过的一句话："人生是一个不断剔除枝叶，走向主干的过程。而我们越到后来，越是懂得，丢掉包袱后的简单，才弥足珍贵。依心而居的话，反而更能让生活渐入佳境。"

我想起那天，小葵在朋友圈里发的一条动态：以前我一直以为积累才是成长的方式，后来才知道，其实剔除也是。

真好，我在这句话里，看到一个越活越通透的姑娘，她知道何时该积累财富，何时该剔除杂质，然后做个简单而幸福的人。

而我想讲的另一个故事，是关于我的师姐苏缇。

苏缇是个大美人，喜欢她的男生排成队。作为旁观者，我漫长的记忆里，印象最深的是一个叫卓延的男生。怎么说呢，比起其他人的张扬与热烈，卓延喜欢苏缇的方式是内敛的。就像一瓶陈年老酒，安静而又不动声色。而我一直固执地认为，只有这种内敛的感情，才经得起时间的打磨和历练。

可那时的苏缇，骄傲得像个女王啊，完全看不见人群中的卓延。后来他们也就理所当然地，彼此杳无音讯好多年。

这好多年的岁月里，我看着苏缇在爱情里跌跌撞撞。轰轰烈烈地爱过，也刻骨铭心地伤过。兜兜转转，还是没能遇到可以相守一辈子的恋人。

有人劝她："跟谁过不是一辈子呢，何苦这般较真？"我想起那个有风吹过的夜晚，苏缇坐在阳台上，轻轻地叹了口气，说："我哪里是较真，我只是越到后来，越挑剔走进心里的那个人。"我为这样的感叹，唏嘘不已。

和卓延重逢的时候，苏缇26岁。而那时的卓延，刚好也是单身。他在小城偶遇苏缇的那天，签名改成了：为什么有些感觉隔着漫长的时光，通通回来了？没人回答得了他的问题，但我们知道，这个男生才是能给苏缇幸福的良人。可一根筋的苏缇觉得，爱情不能就这么简单啊。

2016年一整个冬天，苏缇过得都不快乐。她对爱情心灰意冷，事业也遭遇瓶颈，渐渐就有些食不知味了。后来去了医院，才发现有轻微抑郁。

看心理医生的那段日子，之前那些殷勤的追求者，纷纷作鸟兽散。留在她身边的，只有卓延。仿佛隔着漫长的青春时光，她才真正地开始审视人群中这个不够起眼的男生。他在她最需要陪伴的日子里，陪在她的身边；他看向她的眼神，固执得让人心动。

后来在一个下着雨的早晨，苏缇看着眼前这个每天想方设法逗她开心的男人，心里有个声音告诉她，就是他了。

我知道这些的时候，苏缇已经和卓延订婚了。看着她脸上那种发自内心的笑容，我愿意相信，她是真的陷入了爱情。不是被感动，也不是随意将就，而是实实在在触摸到了爱情。

2017年春天，28岁的苏缇嫁给卓延。婚礼仪式上，作为他们爱情旁观者的我，感动得落泪。为相逢的人还能再相逢，也为这种经过漫长时光发酵出来的爱情。

爱情有点儿复杂，但爱情又很简单。我们可能会爱上一些人，也被一些人爱着。唯有最后留在身边的，才是可以相伴一生的良人。没有什么比明白自己需要什么样的伴侣更珍贵。明白自己所想，也有能力和自由去决定把自己交付给谁，忠诚且不留后路，这是后来我认为的最好的爱情。

这样的爱情，也许简单到不值一提，却有时光的厚度。而多年后，当你回过头来看，会发现，简单的才是最长久的。

第三个故事，我想说说我的表妹小雪。

从幼儿园到大学毕业，小雪一直没有离开过家。漫长的青春期，她总觉得风景在远方。于是工作后的第一年，打着独立自强的旗号，小雪不顾爸妈的反对，从家里搬了出来，和一群姑娘在外面租房。

是有过珍珠般璀璨的时光啊。一群人呼朋唤友K歌到深夜,一群人隔三岔五凑饭局,一群人结伴去旅行……那整整一年的时间,我们看到小雪,似乎每天都有赶不完的场子。于是交了很多的朋友,又认识了很多朋友的朋友。

可2016年秋天,姑姑家里发生了变故,急需一笔钱的时候,小雪才慢慢意识到,最困难的日子里,真正肯出手相助的友人还是原来的那么几个。

很多人愿意锦上添花,却很少有人愿意雪中送炭。

是从那天开始,小雪搬回了家。将更多的时间,花在自己以及身边那些重要的人身上。下雨天,一个人待在书房,安静地看部电影;天气好的时候,和气场相契合的朋友坐下来聊聊音乐和书籍,谈谈人生和理想;下了班准时回家,陪着父母好好吃顿饭……

而我和小雪一样,也是越到后来,才越是明白,有限的生命,装不下所有的人,所以时间应该浪费在美好的事情上。

就像梭罗说的,我愿意深深地扎入生活,过得真实,把一切不属于生活的内容剔除得干净彻底,简单是最基本的形式,简单,简单,再简单。

所谓成长,大抵就是在这种不断肯定又不断否定的过程中,把原本看得重的东西看淡一些,再将原本看得淡的东西看重一点儿。

年轻的时候读亦舒,发现她笔下的女子,大都干脆利落,又温和又强悍。而藏匿于那些文字身后的年轻女孩,总是习惯于穿简单的白衬衫，搭配黑色大圆摆裙。那时的我，忍不住在心里偷偷感叹：真是简单。

年岁渐长后才知道，这个世界上，简单的从来都是昂贵的。

就在前不久，重温电影《阿甘正传》，阿甘说："我不觉得人长大后就变得心胸宽广，什么都可以接受。相反，我觉得那应该是一个逐渐剔除的过程，知道对自己最重要的是什么，知道不重要的东西是什么。而后，做一个纯简的人。"

做一个纯简的人，简简单单就很好。剔除多余的部分，轻轻松松地大步往前走。我们都是在越活越简单的过程中，渐渐学会游刃有余地去热爱生活。而我们最终也会明白，人生最美好的不过是弥足珍贵的亲人，知心的爱人以及情投意合的三五好友。

输了起点,至少我们还有拐点

我想讲的第一个故事,是关于我的同学。

读初中的时候,班上有两个女生闻名于全校:一个是杨丽丽,一个是尤美。不一样的是,杨丽丽是因为傲视群雄的学习成绩。那种永远考第一名的学霸,说的就是她。而尤美,是因为性格张扬,着装奇特,让老师头痛让家长忧心,而为众人所熟知。

就是这样看起来完全不着边的两个人,据说两家还是亲戚关系,住得也挺近,所以杨丽丽从小就是尤美父母口中的那个"别人家的孩子"。别人家的孩子什么都是好的,何况性格温和、乖巧懂事的杨丽丽也是真的很优秀。

人生的前十几年,尤美过得挺顺畅。她除了有点儿叛逆有点儿张扬,学习成绩也没差到无可救药。只不过那时她觉得人生最重要的是让自己开心,今朝有酒今朝醉。整天埋头学习?那得多无趣啊。

中考成绩出来了，杨丽丽众望所归地上了市里最好的高中，而尤美勉强达到一所普通中学的分数线。以大人的眼光来看，两人的人生，似乎从这一步就开始泾渭分明。

高中三年，杨丽丽一如既往地优秀。那时尤美最怕的是春节，亲朋好友聚在一起，难免会拿两人做比较。以前她也不在意，可听得多了，她也开始静下心来思考人生这样厚重的话题。若真要在学习这件事上与杨丽丽比，她的人生是有点儿失败。

杨丽丽接到北大通知书时，尤美的分数刚达本科线。如果说人生摈弃掉天分与出生这类的客观因素，从这一步开始作为起点的话，尤美不得不承认，她在起点上输了一大截。

有时，长大像是一夜之间的事。尤美在某个早晨醒来，人生开了窍。

大学四年，尤美像一头从睡梦中醒来的狮子。她活跃在学校的各大社团，是各项大型活动的组织者，甚至带领一帮文学爱好者把校园刊物办得有模有样，争取到各种去大企业实习的机会。空闲了，她就躲进图书馆看书，写文案。尤美仍然不是学习成绩最好的学生，但毕业那年，她却是最早签到工作的那个姑娘。并且，那份工作还不赖。上海，500强的外企，不到两年的时间，她凭着出色的工作能力和超高的情商，修炼成大都市里精明干练的职场"白骨精"。当然，学霸姑娘杨丽丽的人生自然不会差。她在大四那年，去了澳大利亚，公费留学。然后，留在了墨尔本。

多年后，当尤美去澳大利亚出差，坐在杨丽丽家的阳台上，聊起人生这个话题时，两人不由得笑出了声。

人生似乎在那一刻殊途同归，如果说有什么不同，杨丽丽的每一步都走得稳妥而有力，而尤美开窍得有点儿晚。不过好在，她在人生的拐点上，逆袭得很漂亮。

要说的另外一个故事，是关于我的堂姐。堂姐比我大五岁，我俩关系很要好。很久以前我就知道，堂姐有一个当记者的梦想。

我至今仍记得，她说到梦想时，眼神里的温情。与其说是梦想，不如说是她内心的一种情怀。她渴望拿着话筒，站在镜头前，还原新闻现场；她渴望敲着键盘，用文字来告诉大家，那些别人所不熟知的世界。

可是，就像有人说的，并非每个人都能幸运地买到通往梦想的机票。阴差阳错，大学的时候，堂姐读的专业，毕业后的第一份工作，都和记者没有半点儿关系。

所谓梦想，变得遥不可及。

不是没有努力，也不是没有想要用其他途径重新抵达。去新闻班做旁听生，阅读图书馆里所有关于新闻专业的书籍，去报社争取实习机会……大学读到第四年，她能想到的，最有效也最直接的办法，是考研。

武汉大学新闻传播专业，这是她给自己定的目标。那一年的三月，我陪堂姐坐上开往武汉的火车。那天的她，站在珞珈山下，忍不住热泪盈眶。

可是成长，从来就不会一直甜美芬芳。哪里会有那么多的得偿所愿？备研的日子，堂姐拼尽全力。那份认真与执着，那种为了梦想奋不顾身的劲头，时常感染着我。但是很遗憾，因为跨专业，堂姐的大部分心思都花在专业课上。最终的结果是，一向擅长的英语让她与理想中的大学失之交臂。以至于毕业的时候，她不得不面对一个残酷的现实：即便她比一些新闻专业的学生还要精通专业知识，可毕业证上写的专业，与记者相差甚远。

没有人愿意给堂姐机会，也没有人相信一个学会计的学生，可以来报道新闻。那是一段迷茫且黯淡的时光。

第一份工作，是在一家公司当出纳。很清闲，很无聊，不过同时也很幸运。因为在这里，堂姐遇到年长她十岁的徐姐。她总是鼓励堂姐说，"先不要想太多，做好当下自己想做以及该做的事情。那么，该来的一定会来"。

堂姐慢慢受到鼓舞。她一边上班，一边坚持每晚看书到深夜，然后用文字认真地记录生活。两年下来，写出来的东西，不仅有了深度，且文字表达，也有了质的飞越。

在网上看到那家著名网站的招聘信息时，堂姐抱着试一试的心态投了简历。被顺利录取，在意料之外，其实也是情理之中。我至今仍记得，她在电话里告诉我这个消息时，欢呼雀跃得像个拿到糖果的小孩儿。

多年后的今天，堂姐已经是这家网站情感频道的主编。和很多人比起来，在实现梦想的路上，她走了一段漫长而又黑暗的弯路。但好在，这一路走来的过程中，她从来没有放弃，并用一小步一小步的努力，换来了人生的拐点。读书的时候，特别喜欢数学老师说的一道题目可以有多种解法。方法千千万万种，最终不过是殊途同归。其实人生也是一样的吧，即便我们输了起点，至少我们还有拐点。

所以不如就从此刻开始，埋下头来一小步一小步地往前走，说不定哪天拐个弯，看到的就是那个你期待了很久的远方。

要不忘初心，要且战且走

徐怀美的第一本职场启蒙书是《杜拉拉升职记》。

那时，她刚上大一，看完书的时候，有个念头在心里悄悄发了芽：将来的某一天，也要像女主杜拉拉那样，在北京、上海这样的大城市，每天穿着笔挺的职业装，光鲜靓丽地穿梭在高档写字楼，做一份自己喜欢的工作。大学四年，学商务英语的徐怀美轻松拿奖学金，顺利通过英语八级，还时不时在报纸杂志上发表小文章。未来在她眼里，明亮且美好。

可当她置身于徐家汇的CBD时，突然就有些自卑了。

都说魔都机会多，徐怀美却觉得要想找到自己喜欢的工作，有点儿像大海捞针。好不容易有家外企的HR（人事）打来电话。人家一上来就是一口纯正的英文，自己引以为傲的口语，一下子就被比了下去。加上一紧张，更是说得结结巴巴。

徐怀美心里沮丧极了。收到某电商公司的offer时，她犹豫了下，决定先就业再择业。再不出去工作，房租怎么办？不都说金子在哪儿都能发光吗，带着满腔抱负，她想要大干一场。

但徐怀美很快就有些失望。在这家新成立不久的公司，所谓的文案策划，实际上就是变相的销售。每天拿着一堆资料找客户，和客户费尽心思地周旋。当她发现三个月过去，压根就用不上专业知识的时候，渐渐意识到自己好像偏离了轨道。

她一遍遍问自己，这真的是我最初想要的未来吗？问完第五遍，答案仍然是"no（不）"的时候，第二天她去交了辞职报告。

如果方向错了，停下来才是进步，不是吗？一切重新开始。这一次，徐怀美没有盲目地海投简历，而是有针对性地一一筛选。不久后，她应聘到一家美资企业的行政部。

第一天上班，公关部的Wendy让徐怀美印象深刻。

Wendy高挑漂亮，优雅知性，脸上随时挂着职业性的笑容，给人感觉很近又很远。而漂亮的女人永远是茶余饭后的谈资，徐怀美很快就从别人的八卦里知道，这个看起来比自己大不了多少的Wendy，实际上已经35岁。

徐怀美莫名就有了一种崇拜的情绪，将Wendy当成了偶像。所以收到Wendy的快递，她总是第一时间给她送过去。渐渐地，Wendy也记住了她。后来当她们发现两人竟然来自同一座城市时，没来由地就亲近了不少。

有天在茶水间，Wendy问她："当初怎么想着去行政部？"

徐怀美一脸忧愁："我也不想啊，唉，就是个打杂的地方。"

Wendy嘿嘿一笑："也不能这么说。行政部和每个部门都有关联，这样可以在最短的时间内更好、更全面地了解公司文化，多好。再说公司每年不是都有内招嘛，机会多的是。"

被Wendy这么一说，徐怀美心里舒坦了不少。

表面上看起来，这份工作确实没什么含金量。无非就是收收快递，买买办公用品，打印、复印资料等琐碎小事。但在Wendy的鼓励下，她很快调整好了心态。眼前最重要的并不是好高骛远，而是踏踏实实学东西。

徐怀美很庆幸在现实生活中有个可以膜拜的偶像。Wendy身上有成功女性散发出来的光芒和韵味，是徐怀美多年后想要成为的样子。可不久后，她却见到Wendy在工作之外的另一面。

那天晚上已经十点多，徐怀美准备关灯睡觉时，突然接到Wendy的电话。她去酒吧找了半天，才找到喝得烂醉如泥的Wendy。人前风光无限的女强人，此刻一脸憔悴。

出租车上，Wendy哭着朝她嚷："徐怀美，你过得快乐吗？嘿，我已经很久不知道什么是快乐，什么是幸福了。你知道现在公司里有多少人盯着我的这个位置吗？我稍有怠慢，就有可能被别人顶替掉。可这么拼命又怎样，我现在连家都没了。"

徐怀美有些不知所措，她不知道如何安慰这样的Wendy。

第二天早晨，Wendy看到徐怀美，瞬间恢复了之前的礼貌和距离。微信上，她说："昨晚的事，不要和公司里其他人提起，好吗？"

徐怀美朝她点头，让她放心。

后来从八卦里，徐怀美才知道，Wendy为了工作迟迟不肯生宝宝，她丈夫一气之下，向她提出了离婚。而这大概也是她去酒吧买醉的原因。

不知道哪里来的勇气，徐怀美跑去Wendy的办公室，问她："你这样值得吗？"

Wendy微微一愣，随即恢复平静："这是我的私事，不用你过问。你一小毛孩，懂什么？"

徐怀美盯着她，说："我确实什么都不懂。我只是觉得，任何时候，我们要跟随自己的心来走。你每天都戴着面具生活，过得并不快乐，不是吗？这样就算你成功了又有什么意义？"

Wendy愣在那里。

之后，Wendy休了假，而徐怀美开始全身心投入工作。她每天勤勤恳恳地复印资料，楼上楼下地跑。对于那些复印的文件，她尽量挤出时间翻阅，不知不觉对市场部、销售部还有策划部都了解了个大概。

而无论多忙，徐怀美也不忘每天写封小邮件，发到每个人的邮箱。有时是温馨的生活小常识，有时是友情提醒大家来领公司的小福利。中英文结合，语言俏皮得体，时间一久，策划部总监注意到她，问她愿不愿意换岗。

徐怀美有点儿受宠若惊,她将那句"我可以吗"咽了回去,在网上买了和文案相关的书籍,每天下班回到家充电。同时,她还利用业余时间,去考了高级口译证。等到公司内招时,徐怀美以出色的表现进入了策划部。

在新部门的第一天,有个叫Helen的同事酸溜溜地说:"我们部门什么时候成菜市场啦,连这种半路出家的也招进来?"实际上,也许正是因为徐怀美不是科班出身,思路才更广阔。加上她上大学时,看过不少国外的电影和书籍,适当地加以运用后,做出来的方案,让对方公司连连称赞,同时也让Helen不得不心服口服。

一切都在朝着好的方向发展。

特别是当徐怀美得知Wendy即将和她老公复婚的消息时,她比任何人都高兴。Wendy离职前,找徐怀美吃饭。她笑着感慨说:"真没想到我是被你这小丫头给点醒的。有时出发得太久,就渐渐忘了当初为什么会踏上这段征途。比起工作,我内心更想要的是个温暖的家。"

徐怀美一脸惋惜地说:"可你也没必要离职啊。"

Wendy回她:"放心吧,我知道自己在做什么。这些年忙着赶路,有些累了,休息一段时间,换个环境再出发也好。"

看着眼前的Wendy,徐怀美突然发现,原来不管到了哪个年纪,都不可避免地会有迷茫期,甚至有可能一不小心偏离了最初的轨道。就像曾经的自己,以及曾经的Wendy,虽然在前进的路上有过彷徨,但好在始终没有忘记当初为什么而出发。

Chapter 5 给你写封信

在这个世界上,有的人陪伴你的是时间,而有的人陪伴你的是心灵。尺素寸心君可知。夜深人静的夜晚,想给你写封信。

写给妈妈——请别把你的梦想交给我

妈妈：

打这行字的时候,我正在流泪。而你坐在客厅里,长长地叹了口气。

我们对彼此都很失望。你失望的是,一向乖巧听话的女儿,在高考填志愿这件事上表现出了前所未有的叛逆。而我失望的是,我都已经18岁了,你仍然把我当成没有任何主见的小孩儿,固执地挡在我面前,想要代替我来决定我的人生。

我在志愿表上填了法学专业,而你想让我去学中文。

大概在我很小的时候,你就一心想让我成为作家。并不是因为我喜欢,或者我有天赋,而是因为当作家,是你多年的梦想。年轻的时候,由于种种原因,你的梦想被束之高阁,所以你把全部希望都寄托在了我身上。

在你的满心期待里,我从小博览群书,阅读经典。我的文笔不错,作文常常被老师当成范文。各种作文竞赛,也能轻松拿奖。你在我身上,逐渐看到梦想成型的样子。但是很遗憾,我人生的志向并不在此。

写字只是我的小爱好,而我的梦想是当一名律师,做一个"挥法律之利剑,持正义之天平"的法律人。

你很不理解。你觉得女孩子阅读经典,当个作家,由内而外地散发一种气质才是正经事。这个社会,想要当个出色的律师,真的太难了。

一开始,你苦口婆心相劝。见效甚微后,你开始哭诉:"当年要不是为了你,我也不至于忙着赚钱而丢了梦想,现在你有机会当作家,为什么就是不愿意呢?"

我爸在旁边听着,无奈地摇头。可能你不知道,听到你说这番话的时候,我并没有对你生出愧疚,反而有一丝厌恶。尽管我很爱你,但是妈妈,我真的不喜欢这样的你。

我必须戳穿一个真相。

这些年,你借着照顾我、照顾这个家的名义,**逐渐放弃了自己的个人价值**。你感到焦虑,却没有改变的勇气。于是你就将自己的梦想,转嫁到我身上。你从自己的梦想出发,帮我设计人生轨道。但你从来没有关心过,我真正追求和喜欢的是什么。

这就是我们之间矛盾的根源。你把这个世界上最好的爱都给了我,但你的牺牲,却没有换来我的尊重。我们之间的隔膜,越来越厚。这样的现状,看起来真是有点儿糟糕。

写到这里,我想起隔壁邻居王阿姨。当年为了儿子,王阿姨放弃了出国的机会。多年后,她儿子不得不"替"她来完成梦想。他去了王阿姨一直想去的法国,母子间的感情却越来越淡薄。他没办法理解王阿姨的付出,王阿姨更是心寒——我为你放弃了梦想,你长大了,却将我越推越远。

我不想有一天,我和你之间也变成这样。那种礼貌和疏离,并不是我想要的母女关系。

这些年,你时常说你最大的愿望,就是我过得幸福快乐。但是,被强迫着去完成父母梦想的孩子,又哪里会快乐?相反,我们的内心只会很辛苦。因为在人生的路上,我们始终都没办法去做自己真正喜欢和感兴趣的事。

没有人愿意活在别人的梦想里。

所以妈妈,如果你爱我,不如身体力行地去追寻自己的梦想,成为一个更好的妈妈。而不是你把世界上最好的爱都给了我,然后让我去实现你未曾实现的梦想。这样你很累,我也不快乐。

在这一点上,我觉得小姨就做得特别好。一年前,小姨突然辞职,说是要去开面包店。我们一直以为她就是随口说说。毕竟小姨所在的事业单位,工作轻松不说,待遇也算优厚。这份闲差事,对于小姨这种家有两个娃的女性来说,再合适不过。但小姨说:"我的长处是烘焙啊,我喜欢。"

面包店开张那天,小姨整个人看起来神采飞扬,像是在奔赴人生里

一场美妙的约会。我看着眼前的她，突然觉得，有梦想的女人真好啊，而敢于在四十岁辞去稳定工作去追求梦想的女人，真的特别酷，也特别美。

经过一年的摸索，小姨的面包店渐渐步入正轨。辛苦吗？当然。但小姨说："我是在做自己热爱的事情啊，再累也甘之如饴。"

我特别感动，为这个四十岁还能把日子折腾出一番新样子的女人。

但我更感动的是，小姨十岁的女儿，我的小表妹，在作文里写道："我的妈妈特别了不起，她为了实现自己的梦想，每天将我哄睡后，都在书房学习到深夜。在妈妈的影响下，我也成了一个有梦想的孩子。当一个画家是我的梦想，现在我每天在学习之余，都会去学习画画。我要像妈妈一样，不断努力，过上自己喜欢的生活。"

妈妈你知道吗？那一刻，我特别羡慕表妹。妈妈有梦想，并努力去实现梦想，对一个孩子来说，真的特别幸运。

其实在一个和谐友爱的家庭里，父母和孩子都应该去做自己喜欢的事，成为自己想成为的人。而不是父母为了孩子而牺牲自己的梦想，更不是孩子为了父母而放弃自己的梦想。

梦想，是一个女人最好的化妆品，它会让你生动、有活力。可能你会说："我都这把年纪了，哪里还好意思去谈梦想？"

我记得知乎网友Caun Derre在回答"三十岁才开始学习编程靠谱吗"这个问题时，给了这样的答案："种一棵树最好的时间是十年前，其次是现在。"

关于梦想这件事，永远都不晚。四十岁了，五十岁了，又怎么样？有足够大的决心，就有抵达梦想的可能。前段时间，我记得你在电脑前看电影《断背山》。可能你不知道，这部电影的原著作者安妮·普鲁克斯是从五十岁才开始写作，而后来，她的作品几乎得到了美国所有重要的文学奖项。

所以妈妈，你的作家梦也还来得及实现。

这些年，你一直保持着看书、看电影的习惯，你有不错的文学功底，完全可以尝试着去写、去创作。新时代，网络上有很多写作平台，只要你愿意，到处都有创作的机会。关键是，你要拿起笔，立即开始你的梦想。只有此刻开始了，你才有机会实现它。

加油吧，妈妈。让我们一起努力完成自己的梦想，过自己喜欢的人生。最为重要的是，你追求梦想的样子，对我来说，特别酷也特别重要。

女儿：依依

写给妹妹——春风带点儿凉，你的花自己开

亲爱的虫虫：

临睡前，我无意中看到你前几天更新的一条微博。你在微博里抱怨："那个说好要保护我一辈子的人，却在中途抛弃了我，真是个言而无信的家伙。"

好吧，不知情的人还以为你失了恋。谁也不会想到，你说的那个家伙是你的亲姐姐。

一个礼拜前，我将你从家里"撵"了出来。那时，你刚好大学毕业一年。我至今仍记得你的表情，像只受了伤的小猫，用一种无辜的眼神看着我。我选择自动忽略你眼神里的困惑，埋头替你打包行李。看起来确实有些不近人情。

那时我自顾自地认为，你迟早会理解我的初衷。可是当我在你的微博上看到"抛弃"这个词的时候，终于还是华丽丽地失眠了。犹豫片刻

后，我从床上爬起来，拧开台灯，在桌前摊开了一张信纸。

这样的画面有些似曾相识，不是吗？就像很久很久以前，22岁的我给14岁的你写信一样，这一次是31岁的我，写给23岁的你。

总有好多的不放心

我们之间隔了8年的时间。

在我的少女时期，你是我身后的"跟屁虫"。你的小名，慢慢也就被我们叫成了虫虫。很长一段时间里，我真是有些讨厌你啊。爸妈工作忙，一到假期，我就只能留在家里照顾你。那时，我一心盼着你早点儿长大。

后来你长大了，保护你却成了我的习惯。我对你，总有好多的不放心。

特别是后来，当我眼里的黄毛丫头，一夜之间变成了亭亭玉立的美少女时，我真想拉住时光的脚步，请求它，让我的妹妹永远定格在人生最美好的年华里。不让她受委屈，不催着她变成熟，让她永远做那个天真无邪的少女就好。

我想我该谢谢你，对我无条件地信任。

你的小初吻，你第一次喜欢的男生，你收到的第一封情书，以及你后来文理分科的选择，高考志愿的填写，毕业后的去向等这些人生中的重大时刻，你都乐于跟我分享，乐于听从我的意见。而我，也乐于为你

的人生出谋划策。

有时觉得,你好像就是小了一个版本的我自己。你跟在我身后,亦步亦趋地描摹出相同的人生轨迹。因为我,你的高考志愿表上是清一色的北京学校;又是因为我,你在大学毕业时,放弃了京城外企的工作机会,毫不犹豫地回到了我所在的省城。

你说,有我的地方,让你觉得安心。

而保护你,在不知不觉中就成了我的一种强迫症。我用自己略微单薄的人生经验,挡在你面前,告诉你哪条路可以柳暗花明,哪条路会误入藕花深处。

我一直以为自己是个称职的姐姐,如果不是那次被你拉去参加同学会的话。

在试错中成为今天的自己

我从来没听说过,同学会有带姐姐出席的。但你说他们都有另一半,你一个人去太孤单,所以想让我陪着你。

你看,我总是纵容你对我的依赖。这种事情,我完全可以拒绝。不过后来,我还是十分庆幸答应了你。因为如果不是去参加了你的同学会,我大概永远不会意识到,自己在你的身上犯了怎样的错误。

那天,我见到你很多的同学。他们和你年纪相仿,身上却有很多你缺乏的品质。譬如朝气蓬勃的活力,譬如明媚而张扬的自信。在这之前,我理解的90后,是和你一样被保护起来的一代。可见到他们,我才发现这些孩子都很有自己的想法,以及主见。

我看着人群中,那个总是将"我姐说"挂在嘴边的你,第一次对我自己产生了怀疑。在他们侃侃而谈的时候,我能感觉到你的格格不入,以及被边缘化的郁郁寡欢。没有人故意冷落你,而是你跟不上他们的节奏。

这样的发现,让我有些惊慌。那天晚上回到家,我认真回想了你大学毕业的这一年。

你从北京回省城那天,我和你的姐夫专门请了假,开车去火车站接你。然后将你的大包小包,放进我们提前为你准备好的房间。你看,这才叫真正的"拎包入住"。

但回过头来看,我有些后悔事事为你考虑周全。

你知道的,我用了三年的时间,才和你姐夫凑足这套房的首付。在这之前,我经历过交不起房租的尴尬,以及为找一份喜欢的工作跑了二十场招聘会的狼狈。而你,从一开始就有我们为你提供的安乐窝。工作方面,我更是一早就跟闺蜜打好招呼,等你毕业,就去她所在的公司上班。不仅因为专业对口,还因为有熟人,能照顾到你。

可不知道为什么,即便这样,我还是时常感觉到你眼神里的迷茫。

那时我不能理解这种迷茫;不能理解为什么有人帮你,你还是业绩平平;更不能理解闺蜜私下里告诉我的,你缺乏社交能力,不屑于和其他同事搞好关系。

而此刻,我终于对自己承认,也许我对你的过度保护,让你慢慢变成了一个活在自己世界里的有点儿孤独和幼稚的少女。在23岁的年纪,单纯和善良仍然是好品质,但如果还沾染了幼稚的话,实在有些惭愧。

过去的时光里,我总是尽自己所能,让你不走弯路。直到后来我才逐渐认识到,其实每个人的青春里都有一段绕不过去的弯路。而这条路,只有亲自去走一走,碰碰壁,摔摔跟头,才能炼出钢筋铁骨来面对人生的风雨,才会知道自己到底想要抵达怎样的远方。

我们都是在不断的试错中,成了今天的自己。

很抱歉,我曾经剥夺了你试错的机会。让你沿着我设定好的轨迹,走得平稳,却缺乏精彩。甚至你还将这样的人生态度用在爱情里,错了一次之后就心灰意冷。

我想让你学会独立生活,有些路注定要一个人慢慢地走。而这,就是我将你从家里"撵"出来的原因。

人生的尽头,总会有光

做这个决定,我也有过挣扎。但现在我想说的是,离开了我的庇护,你要做好吃苦的准备,同时也要在这个过程中,让自己快点儿成长起来。

我记得自己应该不止一次听你说过:"姐,我真羡慕你。"

是是是,现在的我在你眼里,事业顺利,家庭美满。但其实你不知道,我和你一样,也曾在毕业后有过漫长的迷茫期。只不过那时打回家的电话,总是习惯报喜不报忧。

即便是现在的我,仍然觉得23岁以后的人生,像突然被快进了,"唰唰唰"地疾驰下去,而我站在原地,总觉得一步错了,就是万丈深渊。

所以请相信我,迷茫的不只是你一个。

每个人都不容易,心里那点儿苦,就差约好了一起哭一哭。

其实二三十岁的时候,本身就是人生中最艰难的一段时光。我们一无所有,除了对生活的热情。我记得那段特别心灰意冷的日子里,我每天回到家的第一件事,是烧一壶白开水。仿佛有了热开水暖胃,生活就能变成一副热气腾腾的样子。

这是一种简单而美妙的心理暗示。

作家张爱玲说,"在30岁之前要以年轻的名义奢侈地干够几桩坏事,然后及时回头、改正。从此褪下幼稚的外衣,将智慧带走。然后要做一个合格的人,开始担负,开始顽强地爱着生活,爱着世界"。

所以趁着现在,尽可能将日子过得精彩一些吧。然后当你来到我的这个年纪,就会知道有所爱有所不爱,也会有能力承担一份美好的人生,以及一份适宜的爱情。而现在的你,也不用羡慕我,因为每个年纪都是最好的时光。

原谅我曾经过度保护你,让你沿着我走过的轨迹,复制我的人生,实际上你的人生还可以有很多个版本。你才23岁,你可以成为任何你想成为的人。

我现在最想说的是,虫虫,加油。如果你的眼前是一片黑暗,那么一直往前走,总能看到光。

心里有春天,心花才会怒放

写到这里,我突然有些伤感。

因为我深知有一天,你会慢慢习惯没有我你也会过得很好的日子,而你也会逐渐不再像个孩子般依赖我。我在你心里的重要程度,会一点点减弱。

但我知道,那时候的你,就像某个早晨醒来,盆栽里悄然绽放的一朵小花。那朵花虽然不起眼,却有属于自己的姿态。

亲爱的虫虫,你也一样。春风即便有点儿带凉,你自己的花,也要你自己来开。这样你就是你,而不是第二个我。看到这里的时候,你还会记恨我吗?请你一定要相信,作为你的姐姐,我是你最亲的家人。而这个世界上,家人从来不会抛弃你。

最后,我想祝你的心里永远有春天。

心里有春天,心花才会怒放。而我只能保护你到这里,下一段路,请你慢慢地走。保有情怀而脚踏实地,勇往而无畏地开始崭新的人生吧。

爱你的姐姐

写给小表妹——不断向前奔跑的红眼兔

亲爱的小丫：

恭喜你的人生迈入新阶段。从今天开始，你将正式成为一名大学生。

今天是开学第一天，我送你去学校。走在偌大的校园里，青春的气息扑面而来。看到他们，像是看到多年前的自己。一张张稚嫩的面孔，有对大学生活的好奇，以及对未来的憧憬。

而我身边的你，却是一脸焦虑。我不太明白，你在焦虑什么。早在两个月前，你填完高考志愿就来了上海，并以最快的速度找好一份暑假工。不论是这所大学，还是这座城市，对你来说都不陌生。我原本以为，你会多一份从容。

一直到回去的路上，你撒娇说："姐，帮我找份在校生的兼职呗。还有，身边有合适的大叔，也要记得帮我留意哦。"我有些不解地看着

你,这就是你的焦虑之所在吗?以我对你的了解,你找兼职当然不是为了赚钱,找大叔更不是为了拿到免费的饭票。你回我:"只有这样,才能更快地成熟起来呀。"

此刻夜深人静,作为你已经工作了五年的表姐,我想和你谈一谈。

不断向前奔跑的红眼兔子

小丫,在写这些之前,我仔细回想了一下你十八年的人生轨迹。

在你很小的时候,我常常跟着我的奶奶,也就是你的外婆一起带你。从小,你就是那种特别懂事乖巧的孩子。不论是做功课,还是弹钢琴,你好像一直都跑在别人的前面。这些年你很优秀,也一直是我们的骄傲。

让我们把时间往前推,看一眼十二岁的你,和二十三岁的我。

那年,我刚大学毕业不久,笨拙地学着化妆,穿高跟鞋和正装。寒假回小城,你看到我的时候,眼神里满是艳羡。我当然乐于和你分享我的小宝贝:眉笔,口红,高跟鞋,以及各种能让我们看起来成熟大气的衣服。折腾了一下午,看着镜子里那个像换了个人的自己,你忍不住感叹:"长大真好啊。"

其实何止是你,年少时的我们都一心盼着长大。就连张爱玲也说:"八岁我要梳爱司头,十岁我要穿高跟鞋,十六岁我可以吃粽子汤团,吃一切难以消化的东西。"但也仅仅只是说说而已。

对我们大多数人来说，仍然是按部就班，不急不缓地长大。而你，看起来有点儿过于着急。急吼吼地想要实现梦想，急吼吼地想要遇见良人，急吼吼地想比别人快一些抵达幸福。

回过头来看这些年，你好像一直保持在跑的状态。我承认，跑得快一些能看到同龄人看不到的风景，但跑得过快，同时也意味着，会错过沿途的美景。

亲爱的小丫，还记得《爱丽丝漫游仙境》里的那只穿礼服的红眼兔子吗？它在不断往前跑的过程中，还时不时掏出怀表来看，嘴里一直嚷着"不好了不好了，要迟到了"。看看这些年的你，我突然觉得你像极了那只小兔子。

积攒力量，生出利息

回到眼下，让我们来说一说你即将开始的大学生活。

就在刚才吃饭时，我问起你大学四年的规划。你胸有成竹地说，早就想好了，至少拿出三分之二的时间参加社会实践。我提出异议，你马上言之凿凿地说："姐，我的想法不对吗？社会才是最好的大学呀。连李开复都说，'80%的知识来源于社会，仅有20%的知识是在学校里能学到的'。既然终极目标是社会，为什么要在学校耗费精力？"

小丫，我一点儿都不否认，在大学里做兼职是件非常有意义的事。积累起来的工作经验，毕业时，会让我们比同龄人更有竞争优势。但如

果做兼职花去大学三分之二的时间，未免就有些本末倒置。毕竟我们念大学的目的，不仅仅是拿到一纸文凭，更多的是学到扎实的专业知识。那些知识才是个人的不动产，谁也抢不走。

你说社会是一所大学，但我想说，大学也是一个小社会。

你文章写得好，这里有记者团和文学社；你有音乐细胞，这里有吉他社、舞蹈社以及各种文艺晚会；你的组织能力好，这里有学生会……当你在这些社团找到自己的兴趣点，并发扬光大的时候，它能培养你各方面的能力。

而最重要的是，通过这些社团活动，还能让你认识很多志趣相投的良师益友，日后他们都将是你的财富。我跟你说过吧，我的第一份工作，就是当时在广播站认识的学姐推荐的。而后来和我一起来闯上海的小美，我和她是在记者团结下了革命般的友谊。这些人，因为相识于微时，便多了惺惺相惜的默契。

小丫，跑得快当然是好的，未雨绸缪也没错，但太急着接近目标的话，就会无暇顾及一朵花的开与落，无暇顾及沿途的风景，也会让你少交到一些志同道合的朋友。

有时候，我们真的不用一直着急着赶路。合理分配时间，充分利用大学这个舞台，对于你踏入社会来说，是厚积爆发，也是水到渠成。你要相信，在这里积攒的每一份力量，都将在日后生出利息。

和年纪正好的人去恋爱

当然,我们不可避免地要聊到感情。特别是,当你要我帮你介绍大叔的时候。

你说身边的那些男生多幼稚啊,只有大叔的成熟,才能hold住你。也只有大叔的人生阅历,能让你以更快的速度接近成熟。可问题是,你能hold住大叔吗?

我想起我的同事Dave。

Dave符合你描述的大叔形象。三十七岁的他,成熟稳重,善解人意,有那么一点儿钱也有那么一点儿帅,还能教会你很多人生的大道理。至今单身的他,刚好喜欢小萝莉。但你知道吗?Dave喜欢小萝莉,是因为他最好的青春年华全都用来读书和工作了,蓦然回首才发现最纯真的爱情永远发生在校园,于是就想重走青春路,弥补错失了的爱情。

与其说他在弥补遗憾,不如说他在寻找一份年少情怀。但有一天,我们却听到他非常沮丧地说,"再也回不去了"。是啊,就算站在他面前的姑娘白衣长裙,一颦一笑都美得令人恻然,他也很难回到二十岁的心态,纯粹地去爱一个姑娘。成年人的爱情,更乐于锦上添花,也更乐于爱自己多一点儿。

所以亲爱的小丫,如果你爱上大叔的前提,是想让他来帮助你变得成熟,那只会令你失望。而如果你觉得和大叔恋爱就能一劳永逸,就能比同龄人以更快的速度接近幸福的话,那我只能说你的想法过于幼稚。

对于大多数大叔来说，他们找萝莉，是用来弥补错失的青春，是用来怀念心底的那份情怀。

实际上，和同龄人恋爱，才是一场真正的爱的练习，不是吗？两个都不懂爱的人，在这个过程中，学会理解，学会包容，学会爱以及被爱。那个年纪的我们，恨不得拿整个青春在爱对方。多年后，你会发现自己很难再遇到一个男孩，像他那样掏心窝地对你好。而你也很难不问原因、不问结果地喜欢一个人。

写到这里，我想起毕淑敏说的，"节令是一种命令，人生也是有节气的。春天就做春天的事情，去播种。秋天就做秋天的事情，去收获。夏天游水，冬天堆雪。快乐的时候笑，悲痛的时分洒泪"。说得真好。

其实小丫，爱情也一样。春光明媚的时候就去看花，夏日晴好的时候去看海，和年纪正好的人去恋爱才会更加棋逢对手。幸福这件事，来得慢一些、晚一些都没有关系，只要它来了，我们就可以拿出十足的耐心去等它。

十八岁要有十八岁的精彩

前段日子，我带你去参加同事聚会。

那天的party（聚会）上，你举止大方，谈吐优雅，在人群中应付自如。我的同事们都很难相信，你是1998年出生的小姑娘。她们惊讶于你的老练，就连从小看着你长大的我，也不得不感叹，你不再是当年的黄毛丫头了,你有着超乎年纪的成熟。

这当然没什么不好。总有一天,我们都能坦然自若、如鱼得水地应对各种场合。可十八岁的你,刻意表现出来的老练,真的让你觉得快乐吗?三十岁有三十岁的芬芳,可是小丫,十八岁也有十八岁的精彩。就像随暖而开的花、应季而熟的果,按照时节去生长,才算没有辜负生命的每一段旅程。

我记得尼采说过,"真正的成熟,应当是独特个性的形成,真实自我的发现,精神上的结果和丰收"。亲爱的小丫,在这秋日的午后,不妨慢下来,想一想你的生活。成熟不是你故作深沉,更不是你一直不遗余力地跑在同龄人的前面,而是有一天,当你的内心变得坚韧,外在变得柔和,那才是真正的成熟。

在这之前,不管你多着急,不管你多努力地往前冲,也是没有用的。所以小丫,藏起心里的那点儿小美梦,一点儿一点儿往前走吧。像屋前的那棵树,静静地等待成熟就好。而你要相信,你想要的未来,都会慢慢到来。

你的表姐

写给闺蜜——消失在时光里的红衣少女

小溪：

  我曾幻想过，在这座城市，会以怎样的方式和你重逢。

  今天的杭州城，下着淅淅沥沥的小雨。上午，我去合作公司，和总监Leo谈项目。却没想到，从会议室出来的时候，意外地看到手里拎着爱心饭盒的你。我下意识地想要和你打招呼，你却用眼神制止了我。

  Leo指着你介绍说："我女朋友，冯婕妤。"众人夸你又贤惠又漂亮，我一脸困惑地看着你，你的男友，竟然是Leo。而"冯小溪"什么时候，变成了"冯婕妤"？你礼貌而疏离地对我说："你好。"口气听起来，好像我们真的只是陌生人。我用三秒钟的时间，调整面部表情，配合你表演了这场"初次见面"。

  就在刚刚，我收到你的短信，你说："丫丫，以后，就当我们从来没有认识过吧。"我对着短信，难过得说不出话来。

我没办法理解你。就算我们不再是闺蜜,至少还可以将对方放回普通朋友的位置。可你却说,就当我们从未相识。这句话,像是完全否定了一段时光,一段记忆。

另一版本的自己

曾经有人问我,如果用一个词来形容青春,会是什么?我的选项之一,是红衣少女。

你知道的,我说的那个人,是你。

在那段叫青春的时光里,你可真是无比钟爱耀眼的红色。春夏秋冬,每个时节的衣服都离不开一抹红。而我确定,你是我见过的,将这种俗气的颜色穿得最好看的女生。尽管那时,我们穷到只能去"四季青"批发市场,买一些廉价的地摊货,可穿在你身上就是好看呀。

认识你的时候,是在杭州城的秋天。

我们从一南一北的小城,来到风景如画的杭州上大学。那天,我推开宿舍门,看到的第一个姑娘,是穿白色连衣裙,搭红色针织衫的你。那样的你,让我不由得想起《怦然心动》里,朱莉一身碎花小裙配红色小开衫,和闺蜜走在图书馆里的场景,美得让人心折。穿短袖T恤的我,站在你身边,瞬间失了颜色。

但这并不妨碍我喜欢你。你来自北方,却有着南方女子的柔情。大大咧咧的我,在你身上看到一种身为女子的美好。我们就这样不自觉地

被对方吸引,很自然地成为朋友。女孩子之间的感情很微妙,可以因为一些共同部分而惺惺相惜,也可以因为在对方身上,看到自己缺失的那一部分,而滋养一段友情。

其实有时,我挺不愿意回忆和你有关的时光。因为曾经的我们那样要好,我不知道后来,那样好的我们,怎么就断了联系。

大一的时候,我暗恋的师兄突然有了女友,你陪我绕着操场走完了十二圈;大二的时候,追你的男生被拒后,扬言要给你颜色看,我成了你的贴身小保镖;大三的时候,我突发急性阑尾炎,是纤瘦的你背我去的医院。做完手术,你对我爸妈说:"叔叔阿姨,请放心,这里有我。"

那时觉得,即便没有爱情也没有关系,只要还有友情,我们就不会孤单。而我喜欢你,大概是因为,我喜欢另一个版本的自己。

你中途退场

毕业后,我们留在了杭州,一起在西湖边上租了一套小居室。

我时常想起那个冬天的夜晚,上班累了一天的我,躺在床上,随手翻开一本张爱玲的文集。她在致好友邝文美里写道:"只要这样,同你在一个城市,要见面的时候可以见面我就放心了。我真怕将来到了别的地方,再也找不到一个谈得来的人。"

我将这段文字轻轻地念给你听,两人在没空调也没暖气的房间里,没心没肺地笑了起来。那时的我们,那样坚定地以为,我俩会在同一座城市尘埃落定。偶尔约会,偶尔吵架,但从来也不用担心,这世界孤单到只剩下自己一个人。

可我不知道为什么,后来一切都变了。

很多人说,杭州是座歌舞升平的闲适之城。可对于一无所有的外地女孩来说,还是有重重压力。也许除了努力,就只剩下更努力。那一整个夏天,我们穿得人五人六地穿梭在这座城市的各大写字楼。年轻骄傲的心一次次接受妥协,当初的凌云壮志一点点被消磨殆尽。

慢慢也就不敢挑剔了。

拿最少的薪水,做最辛苦的工作,看上司的脸色,日子还是有点儿难。交不起房租,被房东赶出门,在便利店凑合一晚上;看到橱窗里的红色大衣,试了又试,在服务员鄙视的眼神里,灰溜溜地放了回去;穿着高跟鞋跑展会,回到家,一双脚被磨出了豆大的血泡。

有一天,你终于嚷着说:"我再也不要过这样的生活了,再也不要。"

我慢慢感觉到不一样。你回家的时间,越来越晚。你用的护肤品,越来越高档。你一有空就钻进厨房,对着菜谱练习厨艺。我和你开玩笑:"交男友啦?"你一本正经地解释:"哪有?最近工作有点儿忙。"

我们变得客气而又疏离。当一段友情表面和气,心里有小疙瘩的时候,大概两人就已经在不同的方向上渐行渐远。

有天下班回来,我发现你已经悄无声息地搬了出去。你没有带走任何东西,只给我留了一张字条说:"丫丫,我再也不要过这种生活了。

也许人生换个方式来过,也未尝不可。"

然后,你换了号码,人间蒸发。

你永远不会知道,面对你的离开,我的内心有过怎样的失落。并肩而行的路上,我一直以为我们永远也不会走散,可你却中途退场。

第二次不告而别

其实时隔一年后,你回来找过我。

接到你电话的那天,我正在十八楼的办公室里,加班写文案。对着那个陌生号码,我有点儿疲惫地说"你好"。却没想到意外听到你的声音,你说:"丫丫,是我。"寒暄了半天,你试探性地问我:"今晚我能去找你吗?"

我将新公司的地址发给了你,你开着一辆甲壳虫车来接我。你身上那件宝石蓝的连衣裙可真好看,看材质应该至少四位数吧。你看,只不过一年的时间,我们已经像是生活在了两个世界。

我一边用手机将改好的文案发给老板,一边听你说起这一年发生的故事。正如我所猜到的那样,你搬走,是因为一个男人。而你不辞而别,是怕我瞧不起你。你的那个他,比你大十岁,有房有车有品位,是大家眼里的精英男。他能让你一夜之间快速远离窘迫的生活,而他对你的要求,只不过是每天洗手作羹汤,给他一个温暖的家。

我默默地听着,想起我的小男友每个月拿回来的工资比我少三百块的事实,心里要说不羡慕你,那一定是骗自己的鬼话。他和我年龄相仿,我们时常为谁洗碗这样的小事吵得不可开交。可也是他,让我觉得温暖。我的工作小有起色,从前台转到策划,薪水上涨,同时辛苦的程度也翻番。

我看着你,真心地说:"还是你好。"

你摇了摇头,伤感地说:"可我总觉得,他没那么爱我,好像随时都有可能从我身边溜走。"

说着说着,到了小区门口。男友手里拿着我最爱吃的糖炒板栗,站在寒风中等我。我觉察到,你有点儿憔悴的眼神里,闪过一丝艳羡。

那晚,男友睡沙发,将卧室留给了我们。但是很遗憾,我们的聊天,好像总是点到为止。你有些防备地不肯透露那个男人过多的信息,而你也已经住不惯我的出租屋。洗澡的时候,你嫌卫生间太小;睡觉的时候,你一脸惊讶地说:"怎么能没有空调?"所以凌晨五点,你轻手轻脚地起床,第二次和我不告而别。

之后,我打给你的电话无人接听,发给你的短信也没有回复。

我想,可能我已经彻底失去了时光里的那个红衣少女。

当我们从未相识

写到这里,我的心情终于平复下来了。

我像是成功地说服了自己,接受现在的你,不是原来的你。接受现

在的我们,不可能回到从前。也接受你说,就当我们从未相识。

而我还想说的是,这个世界上,每个人都有自己的生活方式。我和你,只不过刚好选择了两种不同的生活。我想陪着一无所有的男友,等他一点点变成熟。就得在享受他饱满爱意的同时,忍受他让人头痛的小幼稚。而你选择一个有足够经济基础,稳重而有担当的男人,就得忍受他不会将所有的注意力都放在你身上。人生有得必有失,并不是谁比谁高尚。所以小溪,你永远不要觉得我会瞧不起你。

前几天,Leo还开玩笑说:"我就要结婚了,你们准备好大红包。"我们笑着附和:"好啊好啊。"但请你放心,我不会出现在你们的婚礼上。也绝对不会对Leo说,我们曾经是最好的闺蜜。因为作为闺蜜,我太熟知你的过往。那些卑微的过往,对你现在的圈子来说,多少有点儿煞风景。而我猜,这大概也是你不愿再和我有任何交集的原因。

很久以前,我总是羡慕那些一直生活在同一座城市里的人,因为这样就能在时光里沉淀出一帮关系要好的兄弟姐妹,随时约饭局,随时看午夜场的电影。后来我才知道,当人生方向变得不同时,即便是相识于微时的朋友,也不可避免地会一路走一路丢。

就像,我和你。

所以亲爱的小溪,请允许我最后一次这样叫你。从此之后,你是冯婕好。我会如你所愿,当我们从未相识。

曾经的闺蜜:丫丫

写给朋友——梅花何止落满了一座南山

亲爱的小雯：

  一小时前，我开车穿过这座城市最繁华的街道时，接到了你的电话。你在那头抱怨新换的工作又辛苦又无趣。满满的负能量，听得我心情压抑。后来我终于忍不住打断你，有些疲惫地说："我在开车，回头打给你。"你有些失落地挂了电话。

  作为你最信任的闺蜜，原谅我的心不在焉。在这个加班加到让人绝望的夜晚，我只想让大脑放空，听一听电台里的老歌，而不是和你讨论"人生为什么不能从头再来"这样厚重的话题。

  回到出租屋，洗好澡，吹干头发，我在书桌前坐下来的时候，墙上的时钟已经过了零点。窗外夜凉如水，播放器里是一首 *Kiss the rain*（《雨的印记》），这样的氛围才适合回忆人生，不是吗？

  时常听你感叹，多想一觉醒来，人生能够重来一遍。何止是你，我们很多人都曾幻想拥有一台时光机。不同的是，我们只是偶尔自嘲地做做白日梦，你却一直沉溺在这样的情绪里。以至于每次想起你，脑海里跳出来的那个姑娘，总是眉头紧锁，郁郁寡欢的样子。

你过得不快乐。

缺憾是人生的主题词

我真喜欢初相识的那个你。

作为学霸，高一尚未开学，你的名字就已传遍小城。那时的你，爱笑，爱八卦，也爱臭美。几乎不需要太多理由，我们就成了关系要好的闺蜜。尽管和你比起来，我的学习成绩实在不尽如人意，但这丝毫不影响我们之间的默契。即便只是夏天的一支绿茶冰淇淋，也能让我们满足得忍不住笑出声。

但后来的你，却像是变了一个人。

仔细回想起来，你的改变，应该是从那封"宣战书"开始的吧。我知道，每当提起这件事，你都有些耿耿于怀。因为你人生中收到的第一封来自男生的手写信，不是情书，而是一份由几个男生联合签名的宣战书。

他们在信里说，真不甘心一直被你霸占第一名，下次考试，我们一定要超过你。起初，你是不屑的。直到期中考试成绩出来，你意外地考了第二名，才不得不承认，学习这件事，再也来不得半点儿怠慢。

这之后，连我都能感觉到你的焦虑。课间十分钟，我们聊着八卦缓解疲劳时，你尚且绷着一根弦在看书。后来，你果真再也没有考过第二名，但你变得沉默，变得不苟言笑，变成了我想象中那种学霸的样子。

你说："有什么办法呢？我不想让将来的自己后悔今天没有努力。"可是，后来我见到的你，却总在人生的十字路口，一次又一次地为自己做的选择而后悔。

高二文理分班，明明你更擅长文科，却搬去了理科班的教室。不到一个月，那点儿后悔的情绪如荒野里的野草般蓬勃生长。然后你做了轰动全校的决定，放弃理科，转到文科。高考填志愿时，你才发现文科在录取人数及专业选择上，机会都远远小于理科，你又开始后悔当初的决定。更让你纠结的是，高考成绩出来，好专业还是名校，你只能二选一。

后来你填了"专业服从"，去了北大。不久你在电话里跟我哭诉，自己所选的专业，纯属坑爹的专业。我找了很多励志的话来安慰你，但你仍然像祥林嫂一样念叨自己的不幸。次数多了，我被你弄得有些不耐烦了，没好气地反问你："既然做了选择，就要为自己的选择买单，后悔有用吗？"

大概这话有些逆耳，你很长时间不和我联系。

其实我没告诉你的是，我又何尝不想人生重新来过？如果当初努力一点儿，也许我就不至于在省内读三流的大学。当我拖着行李抵达学校的时候，心里的那点儿悔意一点儿也不比你少。唯一和你不同的是，我没有让自己一直待在这样的情绪里。

抱着"既来之,则安之"的心态,我在这所不太入流的大学,将自己的兴趣爱好发扬光大,看了很多自己喜欢的书,也结交了不少优秀的朋友,一切看起来并没有想象中那么糟糕。甚至后来因为一次比赛中的出色表现,我在毕业前就拿到了上海一家4A广告公司的offer。

而同样的四年时间,你待在全国顶尖的大学里,一直耿耿于怀于自己的失意。无论是QQ签名,还是微博,我们看到的都是一个过于颓废的你。那几年,你几乎不和老同学联系,同学会更是鲜少露面。只听说,毕业后,你在北京一家培训机构当老师。虽然专业对口,但顶着名校的光环,心里多有不甘。

小雯,提起这些,并不是为了表明过去时光里的那个你有多糟糕,相反,你比我们这些人都要优秀。我只是想说,与其为做过的选择而后悔,不如抬起头看一看前方。毕竟,圆满只是人生的假象,缺憾才是它的主题词。就像如果你当初选了自己喜欢的专业,没有去成北大,照样会留有遗憾。

遗憾,本身就是人生的常态。张枣的诗写得真是美:"只要想起一生中后悔的事/梅花便落满了南山。"其实若真要想起这一生中后悔的事,梅花何止落满了一座南山呢?

接纳才是最好的温柔

我常常想起北京的那个夜晚。窗外是"滴滴答答"的雨声,我和你躲在酒店的被窝里，细细碎碎地说着心事。

彼时，已经是大学毕业后的第四年。你在人大读研三，我去北京出差，和你重聚。对，在那家培训机构待了半年后，你毅然辞职考研。花了一年时间，你重新回到校园，在人大读你喜欢的新闻学。

当初听到这个消息时，我真替你感到高兴。可直到那个夜晚，我才知道，现在的你，仍然过得不快乐。不知道从什么时候开始，"后悔"这两个字已经成了你人生的主色调。你像个任性的小孩儿，总觉得抓在手里的，不是最好的。

你说，真后悔没有在最好的年纪谈一场恋爱，真后悔没有在大四那年考研，真后悔这样瞎折腾。现在的你，是研究生同学里年龄最大的。无论是找工作，还是找男友，这两件迫在眉睫的事，你都变成了最吃亏的那一个。

我想了半天，不知道你吃亏在哪里。不是每个人都有机会去北大和人大这样的高等院校接受文化的熏陶，你得到的已经足够多，为什么要一直纠结于失去的那一部分呢？

说到后来，我忍不住问你："这些年，你最不后悔的事情是什么？"你被我的这个问题问住了，有些怅然地说："好像我的每个决定都是错的，真羡慕你，工作顺利，爱情美满，我的日子怎么就越过越不对劲了呢？"

然后你又突然话锋一转，说："也许我当初就不该考研吧，现在找工作没优势，说不定还要当剩女。"我被你这句话说得噎住了。在名校读了自己喜欢的专业,难道这件事你也要后悔吗?

亲爱的小雯,这些年,我吃的亏,跌过的跟头一点儿也不比你少。经历过这些,我渐渐明白,任何一个决定,不管后来有多后悔,在当时的境况里,一定是我们权衡利弊后做出的最佳选择。时间和阅历,最终会让我们明白,后悔只是一件扯淡的事。

我想起有位作家曾经写过:"对生命而言,接纳才是最好的温柔。"真是爱极了这样的心态。人生不是考试,不是拿到了满分就有满分的生活。选了A,就得面对失去B的遗憾。接纳不那么完美的自己,才是对生命的厚爱。

忘掉种过的花,重新出发

不如说说我吧。在你眼里,现在的我事业顺利,爱情美满。但亲爱的小雯,你知道的,我们看到的事物,往往只是表象。掀开光鲜亮丽的面纱,藏在深处的,都有密密麻麻的伤痕。

在那家4A公司实习的前三个月,我的自信心降到了零。办公室里的同事,随便拉一个出来,不是交大毕业的就是复旦毕业的。我比任何时候都后悔,自己当初没有考上一所好大学。但我的主管告诉我:"你有天分,我相信你。"大抵是这句话,给了我信念,让我不再纠结于过去的自己有多糟糕。

那段日子,是真的很苦。特别艰难的时候,我就哼两句《青春少年样样红》,真喜欢最后那句"愿用家财万贯,买个太阳不下山"。是啊,一寸光阴一寸金,如果将时光用来活在对过去的后悔里,我们是有多不划算。

再来说说你看到的爱情美满。你知道的,那场伤筋动骨的初恋,几乎耗尽了我对爱情的信仰。分开后,我关闭了心门。后来有个要好的同事跟我说:"这样美好的年纪,你活在死去的爱情里,多亏啊。"是啊,多亏。打开心门,王子才有进来的机会。如果没记错的话,你已经有整整三年没有碰过爱情了吧?

就在此刻,播放器里播的是谢安琪的那首《喜帖街》,她缓缓地唱:"忘掉种过的花/重新出发……其实没有一种安稳快乐/永远也不差。"

所以,亲爱的小雯,当你看到这里的时候,不如也漂漂亮亮地重新出发吧。毕竟人生不是电影,不开心可以快进,选错了还可以重来。人生这辆车,我们手中握着的,始终只有一张单程票。

我多想从今往后,想起你的时候,永远是一张盛放着明媚笑意的脸。

心疼你的小茜

写给师姐——总有一段路，比狗还要迷茫

亲爱的师姐：

我是不是没有告诉过你，白露是一年当中我最喜欢的节气。蒹葭苍苍，白露为霜。光是读这样的诗句，便觉得是人间好时节。而你，刚好有个好听的名字，叫白露。

我喜欢你的名字，也喜欢你。

是谁说过，身为女生，最骄傲的事情并不是有多少男生青睐，而是另一个女生也心甘情愿地欣赏你。上大学的时候，我们宿舍里的四个姑娘，性格不同，人生理想不同，对男友的标准不同，唯一相同的是，我们打心眼里都很喜欢你。

就在昨天晚上，大家在微信群里讨论毕业后的首次聚会时，都心照不宣地将地点定在了北京。老大说，"这样还能去见白露姐，让她请我们吃饭。"我在看到这句话的时候，思绪有半秒钟的游离。

因为同在北京的我,对你的现状最了解的我,不能确定,你愿不愿意出来见大家。

像是在说一个天真浪漫的未来

认识你的时候,我是入学不久的大一新生。

在我们班的影视作品赏析课上,来当旁听生的你,刚好坐在我身边。你长得可真是好看,说话温温柔柔,有江南女子的甜糯与柔情。

后来我才知道,你是高我两届的师姐,法学系系花。这之后,我在校园里好像到处都能看到你。文学社的征文比赛,你是第一名;学生会的辩论赛,你是最佳辩手;黄昏时分,校园广播里播音员声情并茂朗读的文章,末尾会有一句"供稿人,白露";而我觉得好奇的是,专业课时常拿前三名的你,为什么跑来我们中文系当旁听生?

你笑着解释:"因为我的梦想是当编剧呀。"这是我第一次听你提起梦想,眼神坚定,笑容柔和,像是在说一个天真浪漫的未来,又像是在讲述一个沉淀已久的往事。

然后,我知道了关于你的更多的故事。

高考失利,你被调剂到法学系。而你少了那么一点儿好运气,那时我们学校尚且没有编剧专业,不说换专业,连图书馆里类似的书籍也少之又少。但上大学的这些年,你并没有忘记过自己的梦想。所走的每一步,都在为以后成为一名优秀的编剧做铺垫。别人忙着恋爱的时候,你买了专业书细心钻研；别人看韩剧打发时间的时候，你躲在图书馆给杂志写稿；就连你参加辩论赛，也是为了锻炼自己作为编剧应该具备的逻辑思维。

你身上的某种力量，悄悄地打动了我。

那样热情饱满的你，像极了邻家大姐姐。认识你之前，我没有认真规划过自己的未来。认识你之后，我开始试着让每一天都过得有意义些。后来你和我们宿舍所有人都混得很熟，你成了我们共同的小偶像，甚至我们的QQ群里也有你。

有人说，偶像的意义在于，偶像身上发光的那部分属性，正是我们想拥有的。那时的你，漂亮，睿智，勤奋，有结实的梦想，清楚地知道自己想要什么，并愿意为之而努力。在我们眼里，是真的会发光啊。

有时候做做梦，总是好的

毕业后，你去了上海。

我们都说，你天生就适合一线城市。可你的第一份工作，并没有如你所愿的那样，进一家影视公司，而是在一家文化公司做策划。偶尔，你会在群里抱怨魔都拥挤的地铁，吃不起的便当，以及有点儿迷茫的未来。

我理解其中的艰难。对于我们本专业的学生来说，成功打入编剧圈子都并非易事，何况你仅凭着一腔热情，没人愿意给你尝试的机会。

后来，总算有家小型的影视公司向你伸来橄榄枝。不过要从底层的助理做起，你对着自己发表过的作品，有点儿沮丧，也有点儿泄气。我们在群里给你打气，鼓励你再接再厉。于是，你在黯然神伤了几秒钟后，豪气冲天地说："我的小妞们，放心吧。我会在三年后，让你们在电视上看到我的名字。"

那样的豪言壮语，说得我们都跟着热血沸腾。我们相信你，就像相信未来的某一天，我们也能厉害到为自己喜欢的明星量身定制角色。有时候做做梦，总是好的。哪怕是白日梦，哪怕看起来困难重重，可至少心里有一份热乎乎的希望。

有希望，就会有美好的盼头。

只是，不记得从哪天开始，你在群里说话的次数越来越少。有时我们聊得热火朝天，你也不肯出来冒泡。甚至我们专门@你，也很少收到你的回复。再到后来，你的QQ头像就再也没有亮过。而你的签名，一直是那句，梦想是注定孤独的旅行。

我们反复咀嚼这句话，猜测着你现在的生活。

一定是在忙着写剧本，所以才没时间和我们唠嗑吧？偶尔我们会在百度里输入"白露"，寻找关于你的蛛丝马迹。可谁让你的名字就是节气呢，我们查不出你的任何消息。你就像一个传说，在江湖上消失了。但我们那么笃定地相信，你一定在某个地方拥抱大好河山。

心底有梦的人，最差能差到哪里去呢？

你还记得自己的梦想吗

我没想到,后来会在北京见到你。

那时我已经大学毕业,带着我的编剧梦想去了北京。我们宿舍里的四个姑娘,就剩我一个人单枪匹马地坚持做编剧。她们各自回了自己的城市,考公务员,进事业单位,或者在公司里做个小文案。我看起来有点儿孤独,但我想,我还有你啊。而我之所以那么固执地坚持梦想,也是因为我曾经在你的身上看到过光芒。

我开始四处打听你的消息。我们不同系,又隔了两届,找你的过程有点儿难。直到一次校友会上,我无意中碰到和你同届的师兄,总算从他那儿要到了你的微信号。

可我发给你的信息,一直到很晚才收到回复。你淡淡地说:"好,等有空了我约你。"我听出你言语里的推托之意,心里有点儿难过。后来,你耐不过我一再邀约,终于来赴约。

我承认,当我得知你现在只不过是在一家小公司,做文员混日子的时候,心里有种喜欢了多年的偶像,突然幻灭的感觉。我也终于明白,你不愿意出来见我的原因。都说混得不好的人,最不想见到老同学,更何况我是崇拜过你的小师妹。

我确实有很多失望的小情绪。我几乎像个任性的小孩儿朝你嚷:"师姐,你不应该是这样的。"你苦笑,平静地说:"做编剧没那么容易的。"可说完这句话,你的眼圈突然红了,你说:"也许是后来的我，渐渐忘了自己想要什么吧。"

后来我才知道，你从上海转战北京，并不是为了让事业锦上添花，而是为了一场现在看来有点儿潦倒的爱情。以前，我们宿舍的姑娘们一起帮你设想过，到底怎样的男人，才能和你并肩。

大学四年，作为法学系系花，你有很多追求者，但你没有男朋友。而在上海花溪路陷入爱情的你，一路追随他，到了北京的公主坟。你沉浸在爱情里，渐渐忘了梦想。后来爱情没了，事业也有点儿糟糕。

现在看来，也许爱情里该交的学费，迟早要交。交过了，也就长大了。

我看得出，你并不快乐，因为这不是你想要的生活。在街头分别的时候，我忍不住问你："师姐，你还记得自己的梦想吗？"

你轻轻地叹了口气，有些自嘲地反问我："可现在，还来得及吗？"

还有大把的未来可以折腾

傍晚的时候，我一个人走在京城昏黄的路灯下，梧桐树上的落叶在空中跳个舞，落在肩头。风，凉凉地吹在脸上，很轻柔。

就在这秋风醉人的夜晚，我的小姨给我打来电话，她在那头乐呵呵地说："小妞，我的小店就要开张啦，有没有时间回来看看？"

师姐，你知道吗？我的小姨今年已经45岁了。她在这个年纪，义无

反顾地从沉闷的国企单位辞职,去开了一家甜品店。真是任性得有点儿可爱,不是吗?

我记得,在我小姨尚且年轻的时候,她想要的理想生活,是在自己家的甜品店里,左手赚钱,右手文艺。很遗憾,一直到多年后的今天,她才实现自己的梦想。可我觉得她又是多么幸运,在这个看起来应该现世安稳的年纪,还能有梦想,并努力去实现它。

在她身上,我看到,梦想这件事,任何时候都不晚。

师姐,和我的小姨比起来,你仅仅只是在追梦的旅途中,跌了个小跟头而已,你还有大把的未来可以用来折腾。即便不去做编剧也没关系呀,你可以选一个自己目前为止最想实现的目标,努力去完成它。毕竟做自己喜欢的事情,快乐才能增值。

在我们漫长的一生中,总有一段路,会不小心走错;也总有一段路,比狗还要迷茫。但如果我们脚踏实地地往前走,走过迷雾天,春天也就来了。而这个过程中,不让自己对心里的梦想发愣,便是对梦想最大的坚持吧。就算后来的后来,什么也不能实现,我们也依然要保留自己做梦的权利,依然要对梦想怀有柔软之心。

亲爱的师姐,看到这里的你,会来参加我们的聚会吗?

我记得那个有风吹过的下雨天,你特别霸气地对我说过:"如果想都不敢想,还怎么能看到人生的美景?"现在我将这句话,送还给你。也特别希望,在我们的聚会上,可以见到你。

你的小师妹

写给暗恋——有人共回忆,有人同风雨

许知远:

我承认,即便是多年后的今天,写下这三个字的时候,我的心里仍然有百转柔情。

你一定不知道吧,很久很久以前,你的名字就是这样被我一遍又一遍地写在草稿纸上。而每次只要看到我们的名字挨在一起,心里就像钻进一只毛茸茸的小动物,有着不可思议的柔软和暖意。

昨天晚上,你在微信上说:"桑雅,如果我悔婚的话,你愿意跟我走吗?"

看到这句话的时候,有那么一秒钟,我真的想过,跟你走吧,不管去哪里都好啊。但下一秒,我的理智又迅速回归。我告诉自己,这只不过是你一时的心血来潮而已,所以我并没有回复你。早晨醒来打开手机,一连串信息跳了出来。你说:"桑雅,千帆过尽,你还在我的心里。"

因为这句话,我一整天都有些心不在焉,报表接连错了三次。

其实现在的我,已经很少陷入回忆。但喜欢过一个人,总要给自己一个交代。此刻夜深人静,我煮了一杯咖啡,坐在桌前梳理往事。

这世上有个词,叫时过境迁

原本这是一段早已蒙了灰尘的过往。

十六七岁的年纪里,你是班长,我是团支书。想不起来是哪个回眸的瞬间,你轻轻浅浅地走进了我的心里。当我意识到这一点的时候,那些晃动在你眼皮上的阳光和尘埃,在我眼里都闪闪发着光。你对我温柔一笑,我就觉得世界特别美好。可你微微皱了眉,我就开始检讨自己是不是哪里惹你不开心了。

那时的你,穿白衬衫、牛仔裤,配那双我最爱的Converse(匡威)帆布鞋。打完篮球回来的时候,刘海湿漉漉地搭在眉前,好看得让我脸红心跳。我想我掠过人群望向你的眼神一定是遇到了阻力,要不然你怎么会感觉不到我的心意呢?

其实你对我很好。我生病请假了,你会赶来看我;我生日,你会和其他同学一起送我礼物……偶尔我会产生一种错觉,那些蜻蜓点水掠过的眼神,那些心有灵犀的默契,不就是爱情吗?可是,你对身边的其他人也很好啊。我那样骄傲的一个人,当然不会主动去试探你的心意。所以我以一种近乎隐蔽的方式,将喜欢这件事做得不动声色。

似乎只是一抬头的瞬间，就是兵荒马乱的毕业季，这场暗恋以仓促的形式收场。我们还没来得及告别，就消散在了人群里。这些年，我和你在不同的城市读大学，工作，各自恋爱，逐渐失去了联系。

如果不是半个月前的那场同学聚会，我永远不会知道，原来策马飞扬的青春时光里，我们一起做了件叫相互暗恋的傻事。

那天，喝得微醉的你，满是伤感地对我说："桑雅，你知道吗？高中的时候，我喜欢过你，可我就是个胆小鬼，什么都不敢说。这些年，我常常想起你。"

天知道在听到这些话时，我的表情有多复杂，内心有多七曲八折。惊喜，失落，混杂着无尽的伤感。原来我费尽心思暗恋的人，也曾以同样的情怀喜欢过我，这多么不可思议。

于是，聚会的后半场，我们一直在为这样的错过唏嘘不已，就差唱一唱《可惜不是你》了。可惜不是你，陪我手牵手，走过明媚耀眼的青春。可惜不是你，陪我看尽世间坎坷，阅尽悲欢离合。再相逢的时候，我们身边都已经有了某某。

后来，你试探性地问我："桑雅，如果我们各自单身的话，我们……我们还有可能吗？"

我在这句话里，真想做个任性的小孩儿。小孩儿的世界多好，随便什么都可以抢着要。然而作为成年人，我们要懂得克制、隐忍，以及责任。即便这份年少时的感情经过时间的酝酿，一分一毫都没有减少，但许知远，你马上就要结婚了。

是的,你马上就要结婚了,而我也有一个交往多年的男友。这个世界上,有个词叫时过境迁。所以即便我们有一万个想爱对方的理由,却早已失去能爱对方的身份。

实际上认真想想,就算我们还有能爱对方的身份,故事真的就还能有下文吗?或者说,如果当年我们勇敢一点儿,故事真的就能改写吗?

我们都是过于骄傲的人。青春期里,那场彼此都不肯先表明心意的暗恋,就已经说明一切问题了。那种要命的小骄傲啊,是骨子里的小偏执。若真要在一起,这样的小偏执,只会变成利剑,伤得彼此体无完肤,甚至有可能将最后一点儿情谊消耗殆尽,然后此生不相见地相忘于江湖。

所以许知远,除了说"可惜不是你",也许我们还应该说一句,"还好不是你。"至少这样,我们还能保留一份美好的回忆。

水龙头漏水都能成为厌倦的理由

写到这里,不如让我们来聊一聊,关于你悔婚这件事吧。

我们的第二次见面,你的微信头像换成了新拍好的婚纱照。照片里的女子笑靥如花地依偎在你的身旁,看起来就像一幅漂亮的油彩画。我由衷地赞美说:"新娘真漂亮。"你讪讪地笑着说:"脾气可臭啦,要是能有你一半温柔就好了。"

后来的一小时,你反复说着对这段感情的失望,对结婚这件事的恐惧。我一时语塞，不知道说什么好，暗自有些后悔出来见你。可昨天你竟然说，为了我，愿意悔婚。

许知远，认真想想，你悔婚，真的是因为我吗？

从你的描述里，我大概知道你和你女友的现状。你们在一起五年，两人的生活逐渐淹没在无休止的争吵和冷战中。这让你对即将到来的婚姻生活失去信心。可生活向来有些残忍，它将一个人的光鲜亮丽一层层剥开，暴露出越来越多的不堪和丑恶。真的是相看两厌啊。甚至有时连水龙头漏个水，都能成为心生厌倦的理由。

特别绝望的时候，一不小心就容易跌进回忆里，爱着旧时人。和身边人比起来，年少时光里的旧时人，始终有着最深情的面孔，和最柔软的笑意，完美得如同没有瑕疵的珍珠。就连朱天文也说："我但愿永远在白衣黑裙的时代，为她的一颦一笑惊心动魄，日子是痛楚而又喜悦的，人仿佛整个饱满透明了，牵动一下，就要碎得满地。"

是啊，年少时的爱情多好。特别是对于我们这种尚且停留在萌芽阶段的暗恋来说，心里眼里都珍藏着一个近乎完美的回忆。可是许知远，你只是看到了我温柔的一面，没见过我任性刁蛮的一面而已。而我们爱一个人的时候，既要欣赏她的美，也要承受她心里的黑。

哪一段爱情的最初，不是接近完美的呢？热恋的时候，一起相约看日出，一起围炉夜话到天明，然后不顾一切地给约定。但任何爱情，不管起初有多刻骨铭心，迟早都会有变旧的那一天。

爱情变旧的时候，能够拯救它的，不是新欢，也不是旧爱，而是我们自己。被生活摧残出来的裂痕，需要两人拿出足够的耐心，一点点地修复。好的爱情，是在不断修复的过程中，再重新爱上对方。

所以，看到这里的你，还会觉得自己悔婚是因为我吗？不不不，不是这样的。比起年少情怀，你只是没有勇气和一个人面对日后烦琐枯燥的生活而已。而我，只不过刚好在你想要逃避现实的时候，重新出现在你的生活中，也因此成了你的一个借口。

未得到的，总是最登对

不久前，我看了部港片《大上海》。

片子结尾处，枪声响起的时候，阿宝问成大器："我，还是你的女人吗？"那个铁骨柔情一样的男人流着泪说："你永远是我最爱的女人。"可在这之前，成大器心里装着的，一直是那个让他觉得刻骨铭心的初恋，叶知秋。他以为自己不爱阿宝，直到失去阿宝后，才明白，初恋只是年少情怀，而最爱的其实一直在身边。

我在这样的对白里，泪流满面。所以许知远，让我们学着珍惜眼前人吧。在这个爱情如消费品的年代里，一段恋爱谈了五年还没松开彼此的手，不是因为爱还能因为什么呢？

我承认，在你说"千帆看尽还是你"的时候，我的心里像是有千军万马奔腾而过。可我们所有的触动，都只不过是耿耿于怀于年少时未曾实现的愿望。仅此而已，再无其他。毕竟，未得到的，总是最登对。

但越到后来,我们越应该明白,这个世界上,最登对的始终是人心。有些人适合放进回忆里,长生不老;有些人适合陪你在现实里,携手共风雨。

其实我们的故事在青春年少时光里就已经写好,多一笔,就会像夏天的棉袄一样多余。所以,不如我们就到这儿吧。祝你,也祝我自己,都有稳妥绵长的幸福。

桑雅

写给同学——只当是岁月加了一瓣洋葱

亲爱的桃子：

今天凌晨三点，我收到你发来的微信。你说，"有时觉得自己挺失败的。"

我并不觉得惊讶。尽管大学四年，作为室友，你一直骄傲地游离在我们其他三个人的世界之外。但这并不是你第一次在我面前，露出颓废的样子。而我联想到前几日老大的婚礼，宿舍四个人唯独缺了你，大概猜出你这样说的原因。

我知道，可能在你心里，我并不是你的朋友，但不管怎样，我应该感谢你对我的信任。此刻夜深人静，过往的一切，像电影的慢镜头般历历在目。亲爱的桃子，我想和你聊一聊。

圆满只是人生的假象

毕业后的这些年,每当被回忆拽着往回看的时候,我总是会想起大一开学那天,当我推开宿舍门时,你回过头来的莞尔一笑。

那样的画面,让我的脑海里瞬间浮现出一个词:赏心悦目。你并不是传统意义上的美女,可你的举手投足间有种安定人心的力量,让我不由得心生美好。

宿舍四个人里,你的年龄最小,可你却是我们当中最优秀也最有主见的那一个。你的专业课年级第一,你的钢琴过了八级,你能和外教老师飙一口流利的英语。而且,在我们尚且分不清眉笔和眼线笔有什么区别的时候,你已经坚持每天要化个淡妆才肯出宿舍门。

那时你在我们眼里,简直是女神般的存在。

作为学霸,在你的人生列表里,有周密而详细的规划。从每学期,到每一周甚至每一天,都被你安排得满满当当。每天早晨,你会雷打不动地六点起床。哪怕是寒冷的冬天,我们尚且还在睡梦中,你也会准时从被窝里爬起来。去操场上跑步晨读,或者去图书馆自习。这让我们有些自惭形秽,也暗自决定要以你为榜样。

可渐渐地,你和我们的关系变得有点儿紧张。

一开始是因为晚上的卧谈会,当我们其他三个人兴致勃勃地讨论系里的帅哥时,你的声音总是有些煞风景地在角落里响起"熄灯了,睡觉啦",我们只能意犹未尽地结束话题。有次,你甚至因为这件事,和我们大吵一架。你义正词严地说："大好的人生不应该浪费在闲聊上。"桃子,我承认,按时睡觉是个好习惯。可现在回想起来,四个女孩聚在一起天南海北聊天的机会并不是很多。那段时光错过了,就真的错过了。

还有那次,系里举办宿舍才艺大比拼活动。在我们看来,一切重在参与。可你几乎拿出了高考的热情,每天拉着我们熬夜排练舞蹈。我们有点儿被你的架势吓到了。不就是一次小活动吗?难道非得拿第一才能显示出我们宿舍成员之间关系要好,有凝聚力?

后来才想明白,这是因为在你的人生里,从来都不肯拿第二名。从小到大,不论是什么比赛,只要你参加了,习惯争强好胜的你,事事都想有个漂亮的满分。

很遗憾,最后我们拿到的只是一个鼓励奖。你很生气。那天晚上,你借着综艺节目,指桑骂槐地说"不怕神一样的对手,就怕猪一样的队友"。大概就是从那时开始,我们三个人开始意识到,也许你和我们不是一路人。

我们在你眼里,可真是有点儿糟糕。你嫌老大睡觉磨牙说梦话,埋怨老二起床不叠被子,说我吃饭的声音有点儿大。被你吐槽的次数多了,我们心照不宣地开始远离你。

当然,桃子,我说起这些,并不是想要指责什么,而是想告诉你,有时候,圆满只是人生的一个假象。你事事要求做到最好,这当然没什么错。只是,生活毕竟不是考试。当你将自己的满分原则用在朋友身上,时刻带着过于挑剔的高标准来要求别人的时候,你会累,而作为你身边的朋友，也会累。

在这个看起来有点儿孤独的世界里，我们当然要保持内心的骄傲，努力去做最好的自己。但同时，也要接受自己，以及身边人的不完美，然后继续爱生活，爱这个不完美的世界。

有点儿小雀斑的恋人更可爱

而这样的道理，放在爱情里也成立，不是吗？我们永远不会有100%完美的恋人。

大二的时候，除了你，我们其他三个人陆续有了男朋友。私下里，我们也曾偷偷讨论过，到底要怎样的男生，才能俘虏你的爱情？

一直到大三下学期，那个他终于出现在你的世界里。他是我们同系的师兄，毕业后留在电视台做主持人，向来是学校里的风云人物。校庆晚会上，作为校友，他对舞台上弹钢琴的你一见钟情，随即展开追求。

师兄眉清目秀，性情温和，是很多小师妹心里的男神。而你们站在一起，可真是一道养眼的风景。你在大家羡慕的眼神里，迈入人生中的第一场恋爱。

只可惜好景不长，你慢慢发现，原来褪去那层神秘的面纱，师兄也有其他男生都有的小毛病。譬如不拘小节，譬如对人生没有长远的规划。你没办法容忍这些瑕疵的存在，你试图改变他。

改造的过程并不顺利。那段时间，你们总是频繁地吵架，时常在电

话里也吵得不可开交，吵得让我们都觉得有些心灰意冷。而那样骄傲的你，当然不知道这个世界上还有个词叫"妥协"。你不肯退让，步步紧逼，终于让他败下阵来。

爱情结束了，你却不明白问题出在哪里。你说："我这么好，他凭什么说分手？"

其实桃子，可能正是因为你太好，才让你弄丢了爱情。因为你每时每刻都在追求最好，然后不由自主地就会用同样的标准去要求自己的恋人。当他达不到你的要求时，你会失望，他也会丧失信心，以至最后他迅速而决绝地离开。

我能理解师兄。因为作为你的室友，我们深刻地体会过，你对爱情有多苛刻。

在我们其他三个人的恋爱里，你也曾自顾自地扮演过裁判的角色，以旁观者清的姿态，帮我们在鸡蛋里挑骨头。你说老大的男友不够高，会影响下一代基因；你说老二的男友一看就是花心的主，恐怕很难长久；你说我找个"凤凰男"当男友，简直是自讨苦吃……不得不说，你用词可真够直接。

看到这里的时候，不知道你能不能够理解，我们为什么不肯邀请你参加婚礼。

其实婚礼前，老大有在微信群里和我们商量过，要不要给你发请帖。最后，我们都投了反对票。并不是刻意排斥你，而是我们心照不宣地觉得，你不会来。即便来了，按照我们对你的了解，你一定会用各种挑剔的眼光，来评判婚礼的细节。

请原谅我们，有些自私地不想让你破坏婚礼的气氛。

而亲爱的桃子，写到这里，我想说的是，生活不是考试，爱情也一样，考倒对方从来都不是我们的目的。在爱情这份考卷上，永远没有100分。就像再完美的珍珠，也会有小瑕疵。就像一根甘蔗，不会两头甜。有时候，脸上有点儿小雀斑的恋人，更真实也更可爱。

你的孤岛就不再是孤岛

其实毕业后的这些年，我们几乎很少联系。你在上海，有光鲜亮丽的工作，和美好的未来。我一直相信，无论什么时候，你永远都站在人群里最耀眼的地方。只是，你的签名始终写着：每个人都是一座孤岛。

听起来可真是孤独。

我从来没有告诉过你，除了那条微信，你还给我打过两次电话。当然，都是在喝醉的状态下。你语无伦次地哭着对我说："为什么偌大的城市，最难过的时候，却找不到一个可以陪你喝酒的人。"我除了隔着听筒给你一些无力的安慰，什么也做不了。而第二天，我还得装作是你拨错了电话。因为我比谁都知道，那样争强好胜的你，如果不是喝了酒，又怎么会轻易在别人面前露出自己脆弱的一面？

就像这条微信，我猜你一定也是喝了酒之后发的吧。

亲爱的桃子，其实有时候，告诉别人"我很孤独，我需要你"，并不是一件可耻的事。在这个过程中，如果你能够对朋友，对恋人宽容些，坦诚些，如果你不再是将自己一直端在半空中，用一种过于挑剔的眼光来审视这个世界，也许你会慢慢发现生活还有可爱的另一面，而你的孤岛也不再是孤岛。

亦舒曾经说过："我的理想生活是天天可以睡到自然醒，不做什么，不负啥责任，同我爱的，以及爱我的人，一起坐着说话，笑着看日落。"我真是喜欢这句话。有时候幸福这件事，既不是家财万贯，也不是功成名就，而是身边有三五好友，和一个知心恋人，以简单舒适的方式，将日子折腾得热闹而有温度。

毕竟人生这条路上，所谓满分，所谓完美，只不过是我们心底的一个小愿望。如果用它来绑架生活，只会让自己失望透顶。那些小瑕疵，我们只用当作是岁月给生活加的一瓣洋葱。有时候，80%完美的日子，就已经足够好了。

最后，我想祝你与自己和解，从此做一个快乐的人。

小雅